鉴读一本书，云游四顷园，
对话 36 个团队，洞悉公园城市的绿色远见

This is a book for persons with curiosity, who enjoy wandering the 4-hectare-size garden with stories of 36 design teams, and exploring the foresights of the Park City.

2021 Chengdu Park City International Garden Season &
the 4th BFU International Garden-making Week

2021年成都公园城市国际花园季暨第四届北林国际花园建造周

公园市花园
城市花园
未来

成都市公园城市建设管理局
北京林业大学园林学院
成都市公园城市建设发展研究院

编著

中国发展出版社
CHINA DEVELOPMENT PRESS

图书在版编目（CIP）数据

公园城市　未来花园：2021年成都公园城市国际花园季暨第四届北林国际花园
建造周 / 成都市公园城市建设管理局, 北京林业大学园林学院, 成都市公园城市建设
发展研究院编著. -- 北京：中国发展出版社, 2021.12

ISBN 978-7-5177-1189-6

Ⅰ.①公… Ⅱ.①成… ②北… ③成… Ⅲ.①园林艺术—展览会—概况—北京 Ⅳ.
①TU986.1-282.1

中国版本图书馆CIP数据核字（2022）第007877号

书　　　名：	公园城市　未来花园
著作责任者：	成都市公园城市建设管理局
	北京林业大学园林学院
	成都市公园城市建设发展研究院
责 任 编 辑：	郭心蕊
出 版 发 行：	中国发展出版社
联 系 地 址：	北京经济技术开发区荣华中路22号亦城财富中心1号楼8层（100176）
标 准 书 号：	ISBN 978-7-5177-1189-6
经 销 者：	各地新华书店
印 刷 者：	成都博瑞印务有限公司
开　　　本：	787mm×1092mm　1/16
印　　　张：	22.5
字　　　数：	248千字
版　　　次：	2021年12月第1版
印　　　次：	2021年12月第1次印刷
定　　　价：	148.00元
联 系 电 话：	（010）68990630　68990692
购 书 热 线：	（010）68990682　68990686
网 络 订 购：	http:// zgfzcbs.tmall.com
网 购 电 话：	（010）68990639　88333349
本 社 网 址：	http:// www.develpress.com
电 子 邮 件：	174912863@qq.com

编委会
EDITORIAL BOARD

36 个花园建造团队及成员
36 GARDENS' BUILDING TEAMS AND MEMBERS

（扫码查看作品详情）

学生组一等奖

未来之墟	参赛者学校：广州美术学院 指导老师：金涛　何伟 参赛者：张莹　张玲　陈纳　张龙昊　严锦标　张百聪　相玥彤　冼小蝶
星球种子	参赛者学校：北京林业大学 指导老师：段威　李慧 参赛者：金爱博　武再辰　黄守邦　毛月婷　刘万珂　苗晨松　王子尧　李梦姣
自由地生长	参赛者学校：华南理工大学 指导老师：林广思　熊璐 参赛者：罗越　杜宇　戴璐璐　冯宇梁　谢宏立　陈衍臻　黄雯雯　韦灵墨
锦绣霁川	参赛者学校：四川农业大学 指导教师：吕兵洋　陈其兵 参赛者：李宗晟　杨史前　桂唯　孟通通　余楚萌　谢守红　姜宇馨　罗文皓
星际穿越	参赛者学校：北京林业大学　国际竹藤中心 指导老师：刘志成　胡陶 参赛者：胡真　霍子璇　谢毓婧　王晴　马超　刘天明　曹飞威　刘沛园
触霓裳	参赛者学校：天津大学 指导老师：王洪成　胡一可 参赛者：郭茹　刘雅心　赵玥　李致　梁宁　甘宇田　马天赫　孙硕琦

学生组二等奖

星渊吟游	参赛者学校：西南交通大学 指导老师：吴然　周斯翔 参赛者：张润旋　文欣雨　王志鹏　苏巧敏　赵秋吉　刘兰　冯旭环　起雨涵
遗落之境	参赛者学校：重庆大学 指导老师：夏晖　罗丹 参赛者：吴有鹏　何定洲　李晴宇　肖天宇　李涵青　刘雨璇　蒲旸　杨柳
渔亭	参赛者学校：中国农业大学　北京林业大学　南京工业大学 指导老师：王翊加　刘峰 参赛者：李佳侬　王锦轩　田绍弘　罗霖熠　冯晓暄　汪文清
X-光的降临	参赛者学校：西北农林科技大学　西安外事学院 指导老师：李志国　孙静 参赛者：宣乐　胡昊冉　邓禹倩　高嘉雄　高禄鸿　徐悦颖　范凯
移云荧惑	参赛者学校：上海交通大学 指导老师：张洋　于冰沁 参赛者：张乐　朱张淳　么佳贤　赖佳妮　张陈缘　高幸　王浩哲　王嘉韵　吴佳远

寰行	参赛者学校：西南大学　苏州大学 指导老师：周建华　孙松林 参赛者：钟涛　贺宗文　倪明　陈愉　吴若丽　肖明志　白晨
若比邻	参赛者学校：华南农业大学 指导老师：林毅颖　李剑 参赛者：梁键明　王丹雯　戚百韬　梁文红　柯家敏　黄婷君　邹小骞　饶婕妤
听风吟	参赛者学校：宜春学院 指导老师：周鲁萌　卢洁 参赛者：杨祖慧　胡家豪　黄乐宽　杨燕　余末凡　任莹
问园须知先， 余意在洞天	参赛者学校：东北林业大学 指导老师：许大为 参赛者：王志茹　李若楠　冀李琼　曲琛　袁子鸣　苗明瑞　牟善睿　刘嘉鑫

学生组三等奖

结	参赛者学校：清华大学　北京交通大学　北京林业大学 指导老师：宋晔皓　段威 参赛者：赵书涵　高嘉阳　马迎雪　凌感　陈竹　许嘉艺　林怡静　魏红叶
二象归一	参赛者学校：东南大学 指导老师：成玉宁　周详 参赛者：李翔宇　朱自航　胡惟一　孙泽仪　杨翔宇　蒋欣航　赵鸣琪　贺琪
汇于星辉	参赛者学校：重庆交通大学 指导老师：顾韩　赖小红 参赛者：李想　方萌萌　马一丹　何祖庭　郑婉蕾　刁洁　刘莹　胡琪琪
时光迹	参赛者学校：华中科技大学 指导老师：苏畅　戴菲 参赛者：李姝颖　蔡卓霖　黄子明　方思迷　杨雪媛　赵子健
视界之外	参赛者学校：四川大学 指导老师：罗言云　王倩娜 参赛者：王诗源　何柳燕　谭小昱　庄子薛　谢梦晴　张文萍
云栖	参赛者学校：北京林业大学 指导老师：李雄　林辰松 参赛者：陈泓宇　钟姝　刘煜彤　顾越天　马源　刘恋　徐安琪　卢紫薇
骇浪	参赛者学校：中国美术学院 指导老师：金涛　沈实现　周俭 参赛者：翁圣钧　庞芊峰　戴可也　武文浩　葛顺志　杨婷帆　王攀岳
聚离窗	参赛者学校：西安建筑科技大学 指导老师：武毅　陈义瑭 参赛者：许保平　罗伍春紫　李卿昊　唐凯玥　吕昭希　王育辉　谢欣阳　郭凡
融	参赛者学校：北京建筑大学　北京林业大学　米兰理工大学 指导老师：李梦一欣　Luca Maria Francesco Fabris 参赛者：贺怡然　楼颖　李佳妮　牛文茜　刘浩然　韩爽　陈鲁　顾骧

复古·未来	参赛者学校：天津城建大学 指导老师：张永进 参赛者：黄子豪　周旭　唐旭　刘欣宜　罗慧聪
向未来许愿	参赛者学校：浙江农林大学 指导老师：洪泉　王欣 参赛者：胡雨欣　吴越　乔曼曼　张思琦　章轩铖　吴凡
栖息圈	参赛者学校：广西艺术学院 指导老师：林雪琼　谈博 参赛者：马奥昕　朱亦菲　郭英子　莫宇彤　刘勇　熊谦楚　付泽同　刘书洋
建木图书馆	参赛者学校：华中农业大学 指导老师：杜雁 参赛者：夏文莹　杨恒秀　梁芷彤　赵芊芊　易梦妮　陈朋　唐与岑

专业组一等奖

生命之花	参赛者单位：国际竹藤中心　北京北林地景园林规划设计研究院有限责任公司 WEi 景观设计事务所　四川景度环境设计有限公司 北京清华同衡规划设计研究院有限公司 参赛者：黄彪　郭麒尔　刘邓　赵爽　熊田慧子　陈拓　黄颖　邵长专

专业组二等奖

时之域	参赛者单位：中国城市规划设计研究院风景园林与景观研究分院 参赛者：王兆辰　刘睿锐　李爽　孙明峰　王乐君　许卫国　徐阳　赵恺
花间舞	参赛者单位：四川云岭建筑设计有限公司 参赛者：范伟　刘虹敏　范飞翔　周子婷　周甜　陶兴强　周先扬　黄琴
流浪胶囊	参赛者单位：北京清华同衡规划设计研究院有限公司 参赛者：闫少宁　杨子媛　陈卫刚　齐祥程

专业组三等奖

回归伊甸园	参赛者单位：渭南师范学院　西北农林科技大学　沈阳农业大学 北京市花木有限公司西安分公司 参赛者：孙丹丹　刘杨　陈妍　翟尚
阡陌弦境	参赛者单位：四川大学工程设计研究院有限公司 参赛者：李恒　杨洁　庞金剑　毛文韬　钟瑞霖　张敏　周旺　李莹
偶雨将歇	参赛者单位：青岛市城市规划设计研究院 参赛者：张雨生　孔静雯　王升歌　孟颖斌　刘珊珊　郝翔　万铭
花园公交站： 翩翩起舞的蝴蝶	参赛者单位：长沙本源建筑设计有限公司 参赛者：刘俊　王兵　周灿

协作建造单位
COLLABORATIVE CONSTRUCTION UNIT

成都市公园城市园林绿化管护中心
成都大熊猫繁育研究基地
成都市园林绿化工程质量监督站
成都市花木技术服务中心
成都市林草种苗站
成都市公园城市建设服务中心
成都市公园城市建设发展研究院
成都自然保护地和野生动植物保护中心
成都动物园
成都市人民公园
成都市植物园
成都市望江楼公园
成都市百花潭公园
成都市文化公园

特别鸣谢
SPECIAL THANKS TO

中国风景园林学会
国际竹藤组织

目 录 | contents

构筑：建造过程

金秋九月，携手并肩学子相聚蓉城
激烈角逐，精巧构筑触发无限可能

绽放：作品介绍

巧思精工，竹韵花香传承工匠精神
惊艳绽放，未来花园再筑城市风景

共享：开放展示

开放共享，尽显天府花园魅力
乐享蓉城，智慧成都生活美学

缘起

01

理念背景

和谐共生，打造公园城市新典范
山水人城，共筑绿水青山新天府

1.1 成都——建设践行新发展理念的公园城市示范区

　　2020 年 1 月 3 日，中央财经委员会第六次会议明确提出，"支持成都建设践行新发展理念的公园城市示范区"，这是加快推动成渝地区形成有实力、有特色的双城经济圈的战略支撑，同时也赋予了成都在创新诠释公园城市形态、探索城市转型发展道路上先行示范的时代使命。

立足新发展阶段、贯彻新发展理念、服务新发展格局，基于对成都示范方向研判，结合总体目标，从创新、协调、绿色、开放、共享、安全六大方面，高质量建设践行新发展理念的公园城市示范区、高水平创造新时代幸福美好生活。

以创新为新动能
着力构建多层次科创空间体系、大力建设产业生态圈和产业功能区等，提升经济引领力

以协调为新优势
全面推进多层级区域协调、实施全域差异化发展、推动城乡协调发展等，提升综合承载力

以绿色为新形态
努力筑牢公园城市自然生态本底、突出"公园＋"空间特色、营造高品质公园城市场景、推进绿色低碳发展等，提升可持续发展力

以开放为新引擎
全面增强国际门户枢纽功能、完善天府文化展示和传播体系、创新"公园＋消费"新模式等，提升门户枢纽辐射力

以共享为新局面
推动营建"公园＋"生活、聚焦"一老一小"和特殊群体、深化多元主体的社区治理等，提升幸福美好生活吸引力

以安全为新特质
加快构建弹性适应性基础设施网络、构建灵敏高效的应急能力体系、健全数字智能智慧运行体系、构建社会风险全周期防控体系等，提升现代治理能力

锦城湖公园

公园城市成都"样本"

从公园城市首提地到践行新发展理念的公园城市示范区，成都围绕公园城市开展了从理论研究、规划探索到建设实践的系列工作，将公园城市从人居理想绘成现实答卷，形成了公园城市顶层设计。

公园城市理论探索

成都集聚全球智慧、凝结社会共识、汇聚各方力量，从理论层面着手进行探索研究。

公园城市系列专著

2020 年 10 月 24 日，以"公园城市·未来之城——践行新发展理念的公园城市示范区"为主题的第二届公园城市论坛成功举办。

图片来源："公园城市·未来之城 第二届公园城市论坛在天府新区举行"，四川新闻网，2020 年 10 月 25 日，http://local.newssc.org/system/20201025/003022945.htm。

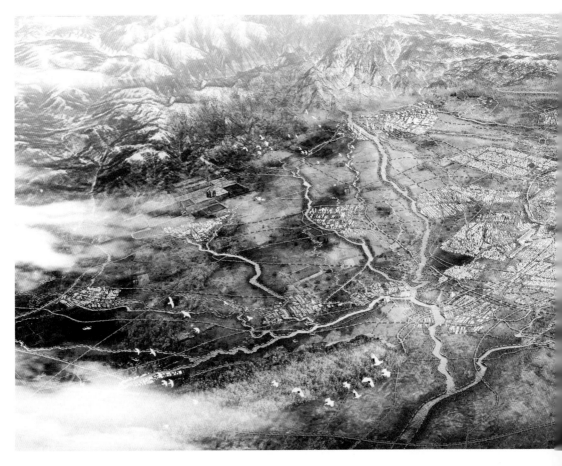

公园城市规划探索

在全市"三级三类"国土空间规划体系下，成都将公园城市的系列研究及专项规划成果全面融入国土空间规划，引领城市更高质量、更有效率、更加公平、更可持续、更为安全的发展。

公园城市建设实践

创新构建了由市级领导小组、成都市公园城市建设管理局、各区（市）县公园城市建设管理局组成的三级组织机构，并出台了系列考核标准。编制了《成都建设践行新发展理念的公园城市示范区总体规划》，力争在2035年全面建成践行新发展理念的公园城市示范区。

天府成都全景图

成都市规划和自然资源局 提供

青龙湖湿地公园
道建设投资集团有限公司 提供

龙泉湖

交子公园社区

1.2　历届精彩回顾

　　花园建造强调建造者搭建的步骤和花园逐步呈现的过程。建造内容包括一个以原竹为主要材料的景观构筑物，以及与之配套的花园空间。

　　从 2018 年起，北林国际花园建造节于北京林业大学校园内已成功举办两届。2020 年花园建造的艺术来到成都，通过其多元的主题结合丰富的公园城市新场景，进一步提升了公园城市生活品质，增强了成都公园城市的影响力。

《云在亭》

作品展

　　截至目前共有 91 个小花园在花园建造节中搭建呈现，竹与花的相逢让每一个精品花园突破传统表达，探索出更多的园林艺术与创意场景。

《方秩律》

《无序之序》

《起风了》

《菊韵椅子》

《森之密语》

《往生梦·粉蝶》

《尘垣》

02

匠心 活动组织

花竹相映，添彩美好公园城市

匠心独运，生态融城青龙湖畔

2.1　公园城市，未来花园：2021年成都公园城市国际花园季暨第四届北林国际花园建造周

2021年成都公园城市国际花园季暨第四届北林国际花园建造周系列活动以"公园城市 未来花园"为主题，通过政府搭台、多方参与、全民受益的路径，不仅激发了学子与设计师们的创作激情，弘扬工匠精神，也展示了成都公园城市的独特魅力，更让公园城市焕发全新活力。

历经近10个月的评选和筹备，共有231个国内外高校和单位的近3500名园林学子与设计师们参与花园季，最终有36个优秀设计方案从377份竞赛作品中脱颖而出。经过4天的现场建造，36个获奖作品团队在青龙湖生态公园搭建完成了一个个充满未来感、以竹材和花卉为主要材料的特色花园。

竹以其挺拔不折的姿态与高节坚韧的品格成为中国传统文化的重要意象与符号。古有"幽幽水竹居"的诗意栖居理想，亦有"竹居

可使食无肉"的高尚品格追求。竹所营造的诗情画意的人居环境和所传承的坚韧不拔的气韵精神，至今引人追寻。

从创意设计到落地搭建，各组作品构思巧妙，参赛团队畅想未来的花园模样。来自全国各地的设计师及参赛师生们展现出优秀的设计建造水平和不怕困难的精神，将传统建筑材料竹子运用得淋漓尽致，将传统材料和现代工艺巧妙结合，传递出尊重自然、人与自然和谐共生的理念，更好地保护自然生态、倡导绿色低碳生活方式，让中国传统的诗意栖居思想深入

人心，让中国风景园林美学更好地服务于人民的高品质生活。

公园城市的花园是共享的，花园承载了人的感情、认知和文化，花园的理念要融入公园城市。公园城市以人民为中心，强调大的、共享的社会属性，强调美好的生活价值。本届花园建造活动作品的设计理念、造型等还将被改造为永久作品，助力成都的公园、绿道、城市金角银边建设，让未来花园的美丽愿景成为实实在在的生活场景，全面助力建设践行新发展理念的公园城市示范区，让生态红利惠及人民。

2.2　活动组织

活动地点

　　本次活动的竹构搭建区域位于青龙湖湿地公园北部。搭建区域西南侧临湖，与水相依，北侧为开放式草坪，平坦开阔。专业组位于展览区东北侧茂密的竹林间；学生组位于展览区面向水面的西侧及南侧。

　　青龙湖不仅是一处水体蜿蜒、岛屿多样的亲水景观，还是以展示明代蜀文化为主要内容的历史文化风景区，更是一个富含"黑科技"的智慧园区。这里不仅突破了大众对公园的刻板印象，打造出了一个特别的智慧生活示范区，更有一系列精彩活动等待人们参与。

结　星球种子　若比邻　渔亭　汇于星辉　星际穿越　花园公交站　花间舞　回归伊甸园

聚离窗　听风吟　X-光的降临　问园须知先余意在洞天　栖息圈　时之域　偶雨将歇　阡陌弦境　生命之花

流浪胶囊

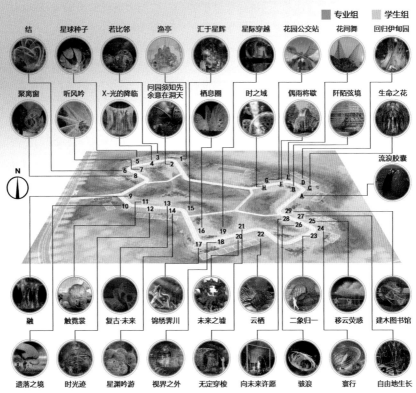

融　触霓裳　复古·未来　锦绣霁川　未来之塘　云栖　二象归一　移云荧惑　建木图书馆

遗落之境　时光迹　星渊吟游　视界之外　无定穿梭　向未来许愿　骏浪　寰行　自由地生长

组织机构

指导单位　中国风景园林学会、国际竹藤组织

主办单位　中国风景园林学会教育工作委员会、成都市公园城市建设管理局、
　　　　　　北京林业大学园林学院、成都市博览局

承办单位　成都市风景园林学会、北京《风景园林》杂志社有限公司、
　　　　　　成都天府绿道建设投资集团有限公司、成都市国际商务会展服务中心、
　　　　　　成都市公园城市建设发展研究院、成都市花木技术服务中心

支持单位　中共成都市委宣传部、成都市文化广电旅游局、成都龙泉山城市森林公园管委会

协办单位　成都市公园城市园林绿化管护中心、成都大熊猫繁育研究基地、
　　　　　　成都市园林绿化工程质量监督站、成都市林草种苗站、
　　　　　　成都市公园城市建设服务中心、成都自然保护地和野生动植物保护中心、
　　　　　　成都动物园、成都市人民公园、成都市植物园、成都市望江楼公园、
　　　　　　成都市百花潭公园、成都市文化公园

支持媒体　人民网、新华网、央广网、人民政协网、国际在线、中国网、
　　　　　　光明网、中华网、凤凰网、中国经济网、中国新闻网、中国日报网、
　　　　　　中国建设新闻网、中国科学网、中国教育新闻网、中国城市新闻网、
　　　　　　中国青年网、文旅中国、每日经济网、国际时报网、腾讯网、腾讯视频、
　　　　　　网易网、网易新闻、搜狐网、搜狐新闻、今日头条、哔哩哔哩、北青网、
　　　　　　澎湃新闻、上游新闻、四川电视台、《四川经济日报》、川报观察、
　　　　　　四川新闻网、四川经济网、四川在线、封面新闻、华西都市网、
　　　　　　成都电视台、成都日报锦观、红星新闻、《中国园林》杂志、
　　　　　　《景观设计学》杂志、《园林》杂志、《中国花卉园艺》杂志、
　　　　　　《中国花卉报》、《住区》杂志、景观中国网、风景园林网、风景园林新青年

活动流程

01 参赛报名
2021 年 1 月 5 日前

02 参赛方案提交
2021 年 3 月 5 日前

03 入围名单公布
2021 年 4 月 19 日

04 竞赛方案评选
（学生组）
2021 年 5 月 22 日

05 施工图提交
2021 年 7 月 10 日前

06 开营仪式
2021 年 9 月 13 日
8:00–9:10

07 花园搭建
2021 年 9 月 13 日 9:10 至
9 月 16 日 13:00

08 现场评审
2021 年 9 月 16 日
13:30–17:00

09 颁奖仪式
2021 年 9 月 16 日
17:00–18:35

10 市民活动
2021 年 9 月 16 日 –
10 月 8 日

创想 03 方案征集

流转变换，创意设计寓意于形
交叠融合，花香竹影创想未来

3.1　方案征集要求

竞赛主题

2021 年成都公园城市国际花园季暨第四届北林国际花园建造周方案征集阶段的竞赛主题为"未来的花园"。未来充满多种可能性，它不仅意味着科学技术的不断革新，也蕴含着人们对于诗意栖居环境的向往。未来的花园或是充满朝气、蓬勃昂扬的，或是引人遐思、令人心驰神往的。在充满未来感的花园里，空间的流转、场景的变换、光影的交叠、材质的细节将无不打动参观者驻足流连，完成一场时间的旅程。未来未至，时空却已交叠在一隅花园，呈现出空间的多重可能，呈现在场感和幻境感的往复变换。

鼓励设计者在有限的地块内，以竹材和花卉为主要材料，设计并建造一座具有未来感的小花园，设计者需充分尊重竹材的自然特性和施工技艺特点，使用原竹、竹篾、竹片等材料，利用其空间延展性特征，以及材料不同排列方式和密度形成的强烈韵律感特征，探索竹作为结构材料、围合材料和装饰材料的多种可能性，寻找最适宜的呈现方式，并通过结合花卉的运用表达出设计者对"未来的花园"这一主题的理解。

竞赛要求

以竹材和花卉作为主要材料，设计并建造一座小花园。

每块建造基地面积为 $16m^2$(4m×4m)。组委会将先期对建造基地做出统一界定，植物材料均为盆栽，不提供露地栽培植物。

建造内容包括一个以竹材为主要材料的景观构筑物，以及与之配套的花园空间。其中，竹构占地面积不超过地块范围，余地留作花园，竹构与花园必须有机融合，交相辉映，构建具有未来感的花园空间。

1）竹构要求：本次竞赛要求使用竹材搭建一个可进入或可参与的竹构小品，竹构限高5m，占地面积不超过地块边界；建议能够承载一定的功能，形式随宜；搭建方式应简便易行，但须做到安全牢固。可选竹材包括原竹、竹片、竹篾、竹棒、竹梢等，不允许使用除竹材以外的其他材料。

2）花材要求：建造材料仅限花卉和地被植物，须在组委会提供的材料表中选择，不宜使用其他材料和设置水面。

未来的花园

"北林国际花园建造节"设计竞赛方案征集
Entries to the Design Competition for the 4th BFU International Garden-Making Festival 2021

…园建造节的主题为"未来的花园"。未来充满多种可能性，它不仅意味
…技术的不断革新，也蕴含着人们对于诗意栖居环境的向往。在充满未
…园里，空间的流转、场景的变换、光影的交叠、材质的细节将无不
…观者驻足流连，完成一场时间的旅程。

…基地位于成都，每块建造基地面积16m²。建造内容包括一个以竹
…材料的景观构筑物，以及与之配套的花园空间。

…学生组与专业组，学生组面向国内外风景园林及相关专业在校本科
…生，鼓励跨专业合作参赛，每个小组须确定1-2名指导教师；专业
…风景园林级相关专业从业者。所有组别均须以小组形式报名参加方案
…小组人数不得超过8人（含8人），每组团队只能提交1份作品，最终
…名单与竞赛报名名单一致，不得更改，所有获奖作品需由团队成员
…现场搭建。

…S OF THE FESTIVAL

…月5日前：参赛报名；
…3月5日前：设计方案提交；
…4月5日前：方案评选；
…4月15日前：方案细化与调整；
…5月1日前：施工图提交；
…7月底-8月初：完成现场建造；
…8月：评奖、建造节开幕式与颁奖。

…ANT TIME POINT

…/05 前 参赛报名
…/05 前 方案提交

指导单位 GUIDING INSTITUTION	主办单位 ORGANIZERS	承办单位 EXECUTIVE ORGANIZERS
中国风景园林学会 国际竹藤组织	中国风景园林学会教育工作委员会 成都市公园城市建设管理局 北京林业大学园林学院 成都市博览局	成都市风景园林学会、北京《风景园林》杂志社有限公司 成都天府绿道公司、成都市公园城市建设发展研究院 成都市国际商务会展服务中心、成都市花木技术服务中心

BFU INTERNATIONAL GARDEN FESTIVAL

THE GARDEN OF FUTURE

3.2　方案征集结果

自2020年12月发布方案征集公告以来，共有231个国内外高校和单位的近3500名园林学子和设计师报名参与。2021年3月5日，方案征集截止，组委会收到377份作品，共计约2500人参与。

组委会邀请风景园林行业的知名高校和设计机构的专家进行线上评审，经过数轮评选，评审委员会从377份作品中选出了44份入围作品，其中，专业组8份作品入围，学生组36份作品入围。学生组入围团队通过多媒体展示的方式进行线上答辩，评委会根据现场答辩情况最终确定获奖名次：一等奖6名，二等奖10名，三等奖20名。

作品名称	参赛者单位	参赛者
生命之花	国际竹藤中心、北京北林地景园林规划设计研究院有限责任公司、WEi景观设计事务所、四川景度环境设计有限公司、北京清华同衡规划设计研究院有限公司	黄彪、郭麒尔、刘邓、赵爽、熊田慧子、陈拓、黄颖、邵长专
阡陌弦境	四川大学工程设计研究院有限公司	李恒、杨洁、庞金剑、毛文韬、钟瑞霖、张敏、周旺、李莹
时之域	中国城市规划设计研究院风景园林与景观研究分院	王兆辰、刘睿锐、李爽、孙明峰、王乐君、许卫国、徐阳、赵恺
偶雨将歇	青岛市城市规划设计研究院	孔静雯、孟颖斌、张雨生、万铭、郝翔、王升歌、刘珊珊
花园公交站：翩翩起舞的蝴蝶	长沙本源建筑设计有限公司	刘俊、王兵、周灿
流浪胶囊	北京清华同衡规划设计研究院有限公司	闫少宁、陈卫刚、杨子媛、齐祥程
花间舞	四川云岭建筑设计有限公司	范伟、刘虹敏、范飞翔、周子婷、周甜、陶兴强、周先扬、黄琴
回归伊甸园	渭南师范学院、西北农林科技大学、沈阳农业大学、北京市花木有限公司西安分公司	孙丹丹、刘杨、陈妍、翟尚

名称	参赛者学校	指导老师	参赛者
	清华大学、北京交通大学、北京林业大学	宋晔皓、段威	赵书涵、高嘉阳、马迎雪、凌感、陈竹、许嘉艺、林怡静、魏红叶
离	墨尔本皇家理工大学	Liz Li	Caitlin Butt, Emerald Elliott
惑	上海交通大学	张洋、于冰沁	张乐、朱张淳、么佳贤、赖佳妮、张陈缘、高幸、王浩哲、王嘉韵、吴佳远
一	东南大学	成玉宁、周详	李翔宇、朱自航、胡惟一、孙泽仪、杨翔宇、蒋航航、赵鸣琪、贺琪
外	四川大学	罗言云、王倩娜	王诗源、何柳燕、谭小昱、庄子薛、谢梦晴、张文萍
	北京林业大学	李雄、林辰松	陈泓宇、钟姝、刘煜彤、顾越天、马源、刘恋、徐安琪、卢紫薇
	天津大学	王洪成、胡一可	郭茹、刘雅心、赵玥、李致、梁宁、甘宇田、马天赫、孙硕琦
观念	泰国国王科技大学	Apinya Limpaiboon	Pimchanok Sangtabtim, Natchaya Kasemsupakit, Panut Pattarakornsakul, Apiwat Inpalad, Sorawit Choosuk, Yuchia Lee, Teerapat Naradoon, Theethach Chayapiwat
游	西南交通大学	吴然、周斯翔	张润旋、文欣雨、王志鹏、苏巧敏、赵秋吉、刘兰、冯旭环、起雨涵
书馆	华中农业大学	杜雁	夏文莹、杨恒秀、梁芷彤、赵芊芊、易梦妮、陈朋、唐与岑
梭	合肥工业大学	苏剑鸣、梅小妹	任建楷、陈想、赵乐、陈皓宇、朱家琪、李越、孙妍睿、陈钺
生长	华南理工大学	林广思、熊璐	罗越、杜宇、戴璐璐、冯宇梁、谢宏立、陈衍臻、黄雯雯、韦灵墨
同	墨尔本皇家理工大学	Liz Li	Benjamin Roe, Curtis Kumar
降临	西北农林科技大学、西安外事学院	李志国、孙静	宣乐、胡昊冉、邓禹倩、范凯、高禄鸿、徐悦颖、高嘉雄
	中国美术学院	金涛、沈实现、周俭	翁圣钧、庞芊峰、戴可也、武文浩、葛顺志、杨婷帆、王攀岳
	华南农业大学	林毅颖、李剑	梁键明、王丹雯、戚百韬、梁文红、柯家敏、黄婷君、邹小骞、饶婕妤
许愿	浙江农林大学	洪泉、王欣	胡雨欣、吴越、乔曼曼、张思瑶、章轩铖、吴凡
	宜春学院	周鲁萌、卢洁	杨祖慧、胡家豪、黄乐宽、杨燕、余未凡、任莹
	泰国朱拉隆功大学	Terdsak Tachakitkachorn, Ariya Aruninta	Matchimat Makka, Yanin Thunkijjanukij, Nantana Thawornfang, Panupong Siriyanon, Natthaphon Singhakarn, Suchanad Phuprasoet
川	四川农业大学	吕兵洋、陈其兵	李宗晟、杨史前、桂唯、孟通通、余楚萌、谢守红、姜宇馨、罗文皓
	西南大学、苏州大学	周建华、孙松林	钟涛、贺宗文、倪明、陈愉、吴若丽、肖明志、白晨
	米兰理工大学、北京建筑大学、北京林业大学	李梦一欣、Luca Maria Francesco Fabris	贺怡然、楼颖、李佳妮、牛文茜、刘浩然、韩爽、陈鲁、顾骧
花园	香港大学	Gavin S. Coates, Susanne Elisabeth Trumpf	王植、张紫衣、陶睿敏、李香怡、梁婉莹
	日本兵库县立大学	沈悦、大薮崇司	刘佳宇、续佳瑄、荒卷友里惠、冯子谦、木崎诗惠、王滋兰、顾涵
	华中科技大学	苏畅、戴菲	李姝颖、蔡卓霖、黄子明、方思迷、杨雪媛、赵子健
未来	天津城建大学	张永进	黄子豪、周旭、唐旭、刘欣宜、罗慧聪
	西安建筑科技大学	武毅、陈义瑭	许保平、罗伍春紫、李卿昊、唐凯玥、吕昭希、王育辉、谢欣阳、郭凡
知先，同天	东北林业大学	许大为	王志茹、李若楠、冀李琼、曲琛、袁子鸣、苗明瑞、牟善睿、刘嘉鑫
虚	广州美术学院	金涛、何伟	张莹、张玲、陈纳、张龙昊、严锦标、张百聪、相玥彤、冼小蝶
	泰国拉卡邦先皇技术学院	Thitiphan Tritrakarn	Pipoo Supachavivit, Jitsupa Peephoh, Jirast Janterm, Jittin Tongkum, Pariyavat Promnamdum, Karid Chalermpanpipat, Poothaya Sakulchaivanich, Kraiwit Iamsakul
子	北京林业大学	段威、李慧	金爱博、武再辰、黄守邦、毛月婷、刘万珂、苗晨松、王宏伟、李梦姣
	广西艺术学院	林雪琼、谈博	马奥昕、朱亦菲、郭英子、莫宇彤、刘勇、熊谦楚、付泽同、刘书洋
越	北京林业大学、国际竹藤中心	刘志成、胡陶	胡真、霍子璇、谢毓婧、王晴、马超、刘天明、曹飞威、刘沛园
竟	重庆大学	夏晖、罗丹	吴有鹏、何定洲、李晴宇、肖天宇、李涵青、刘雨璇、蒲旸、杨柳
辉	重庆交通大学	顾韩、赖小红	李想、方萌萌、何祖庭、马一丹、郑婉蕾、刁洁、胡琪琪、刘莹
	中国农业大学、北京林业大学、南京工业大学	王翊加、刘峰	李佳侬、王锦轩、田绍弘、罗霖熠、冯晓暄、汪文清

3.3 方案线上评审

竞赛组委会于2021年5月22日，组织评委和学生组入围团队举行"2021年成都公园城市国际花园季暨第四届北林国际花园建造周"设计竞赛线上终评会。本次终评会采用全程网络互动直播的方式，为观众带来精彩的视听体验。

会上，来自36个团队的参赛代表分别用多媒体视频展现的方式对各自的竹构设计作品进行解读，专家分别提出问题，参赛代表进行答辩。参赛者们利用动态画面与音效结合，为评委和观众带来了身临其境的感受，精彩的展示为评委和观众留下了深刻印象。

直播回看地址：
https://wx.vzan.com/live/tvchat-751756166?v=1620545438660

评审嘉宾

本次终评会由中国风景园林学会和国际竹藤组织作为指导单位，由中国风景园林学会教育工作委员会、成都市公园城市建设管理局、北京林业大学园林学院和成都市博览局联合主办，由北京《风景园林》杂志社有限公司承办。在评委点评环节，评委分别发言，对本次参赛者们高水平的展示表示肯定，并带来了精彩的点评。

与会嘉宾是中国风景园林学会秘书长、教授级高级工程师贾建中。评委会主席为北京林业大学园林学院教授、科技部全国风景园林规划与设计学首席科学传播专家、《中国园林》杂志主编王向荣。评委会委员包括：清华大学建筑学院景观学系副系主任、教授朱育帆，清华大学建筑学院建筑与技术研究所所长、教授宋晔皓，中国建筑设计研究院风景园林总设计师、中国建筑学会秘书长李存东，成都市公园城市建设发展研究院院长、教授级高级工程师陈明坤，B.L.U.E.建筑设计事务所创始合伙人、主持建筑师青山周平，同济大学建筑与城市规划学院景观学系主任、教授章明，浙江竹境文化旅游发展股份有限公司董事长蔡卫共同出席会议。线上活动由北京林业大学园林学院副教授、《风景园林》杂志副主编赵晶主持。

精彩点评

王向荣：北京林业大学园林学院教授、科技部全国风景园林规划与设计学首席科学传播专家、《中国园林》杂志主编

　　本届竞赛参赛同学在开放的命题下，呈现出高水平的作品，与前几届相比，在竹材料、竹结构和设计思维上有了更为深入的思考，期望未来能够看到竹构作品更加融入自然，使得竹构与花园产生共鸣，表达出更多的情感与灵动性。

朱育帆：清华大学建筑学院景观学系副系主任、教授

　　本次活动已经体现出中国未来设计生力军的空间厚度。作品展现出许多新的思路，不仅表现出竹构筑更多样的表达方式，还有许多时代背景，表达出诗意的构思过程和对未来主题的理解，展现出同学们较好的设计功底。

宋晔皓：清华大学建筑学院建筑与技术研究所所长、教授

　　36 个方案都非常响应本届竞赛的主题，非常感谢 36 组同学出色完成了竞赛的任务，在之后从图纸到竹构的落地过程中，希望同学们都保持相应热情，搭建出优秀的作品。

李存东：中国建筑设计研究院风景园林总设计师、中国建筑学会秘书长

　　本次活动是非常好的平台，提供了同学交流互动、展开创意与实地落地机会。总体上看，本次竞赛方案类型多样，亮点频出，同学们考虑周全，作品富有逻辑性，从概念、构思再到构筑实践都有很大的突破，非常期待最终实体搭建的效果。

陈明坤：成都市公园城市建设发展研究院院长、教授级高级工程师

　　"公园城市 未来花园"的主题，点燃了每一位学子的创作激情，每一个参赛团队在有限的地块释放了无限的创意，每一瞬奇思妙想，每一次星际穿行，每一遭山水回归，每一回神奇再生，竹材与花草一道在有限与无限中穿梭飞舞，这些都将定格于后续的现场建造。在公园城市建造未来花园成了大家共同的期待，这必将又一次点亮公园城市的幸福美好生活！

章明：同济大学建筑与城市规划学院景观学系主任、教授

　　本届竞赛的方案都很出色，但仍有提升的空间。竞赛主题的本意是希望作品能展现出对本体与环境的思考，与往届非常不同。从方案上讲，希望同学们未来能设计出更能触动心灵的作品，特别在连接方式和节点材料的创新突破上，还有很大的提升空间。

蔡卫：浙江竹境文化旅游发展股份有限公司董事长

　　我深刻感受到活动影响力越来越大。本届竞赛很多作品都令人出乎意料，竞赛作品从最初的直线条到曲面，再到双曲面，到如今更为复杂的双层或多层结构，展现出新时代同学们惊人的创造力和越来越强的动手能力。

构筑 04

建造过程

金秋九月，携手并肩学子相聚蓉城

激烈角逐，精巧构筑触发无限可能

4.1　场地及材料准备

2021年9月6日-9月7日，主办方根据前期场地设计进行了放线，对各参赛团队地块及备料区定位，进而对地面进行平整处理。

放线

2021年9月8日-9月11日，主办方完成了现场的安保和防疫布置，对现场的道路指示标识、道旗、宣传等物料进行了布置，并为参赛团队搭建了可供休憩的篷房，设置了医疗服务站，为后期团队的报道及搭建工作提供便利。

花材准备

2021年9月12日，根据前期各团队提供的材料清单，主办方准备好了竹材、五金构件、施工工具等，并进行分类，在当天下午分配至各团队备料区。

讨论

竹材准备

竹材准备

4.2　开营仪式

　　2021 年成都公园城市国际花园季暨第四届北林国际花园建造周于 2021 年 9 月 13 日在成都青龙湖湿地公园正式开营。开营仪式于上午 8:00 举行，各组织单位代表、参赛团队代表和各界媒体等近300 人出席了本次开营仪式。

　　成都市公园城市建设管理局总规划师刘洋海对精心准备本次活动的老师和同学以及关心支持成都公园城市建设的各位来宾和社会各界表达了感谢。刘洋海表示，从公园城市首提地到建设践行新发展理念的公园城市示范区，三年多来，成都主动担当公园城市理论研究和实践创新的政治责任，通过夯实城市生态，塑造公园城市形态，描绘绿水青山、舒适宜人、诗意栖居的公园城市新画卷。在北京林业大学和在场的各高校的鼎力支持下，国际花园建造周活动落地成都，以富含创意灵感和美学设计的花园竹构作品，为成都带来了城市园林设计新的理念和新的创意，助力成都建设践行新发展理念的公园城市示范区。

　　在开营仪式上，各参赛团队代表逐一上台与主办方代表合影留念。仪式最后，成都市公园城市建设管理局总规划师刘洋海宣布 2021 年成都公园城市国际花园季暨第四届北林国际花园建造周开营。

　　开营仪式主持人、北京林业大学园林学院副教授、《风景园林》杂志副主编赵晶介绍道，花园建造节已成功举办三届，从首届"竹境·花园"到"花园的诗意"，到"秘境花园"，再到"未来的花园"，每一届活动主题都体现出人们对花园以及行业发展的理解与路径的探索。四年来，参赛者类别从学生组拓展至设计师组，活动规模不断扩大，影响力也不断提升。

　　开营仪式结束后，成都市公园城市建设发展研究院周里云老师、北京林业大学园林学院肖遥副教授和竹境竹业科技公司王杰老师对各参赛队伍组长进行了建造技术、建造工具使用和安全防疫培训。

4.3　搭建过程

第一天（2021 年 9 月 13 日）

开营仪式结束后，主办方组织各参赛团队负责人参加了建造技术、建造工具使用和安全防疫培训，随后 2021 年成都市公园城市国际花园季暨第四届北林国际花园建造周的搭建环节正式开始，各团队迅速投入到作品的放线定位及主体骨架的搭建工作中，为了应对搭建过程中遇到的材料、人工等各种问题，主办方成立联合工作组，设立总咨询处，及时对现场各参赛团队的疑问和困难进行疏导解决。

第二天（2021 年 9 月 14 日）

　　9 月 13 日晚至 14 日早晨持续的暴雨使得场地内存在大量积水，部分低洼地区地面泥泞湿滑，主办方针对突发状况召开了紧急会议，出于安全和公平考虑，暂停了早上的搭建工作并迅速对场地积水进行处理。

　　至中午，场地又重新具备了作业条件。下午两点，各参赛团队全部到场准备继续搭建，为保证参赛成员安全，主办方实施了场地断电安全隐患排查，暂停了气钉枪的使用，面对积水、缺电挑战，各团队成员积极应对，灵活统筹，对施工计划及施工方式进行调整，在恶劣的条件下及时挖掘竹材本身及其构筑方式的更多可能性，保证了整个搭建过程有条不紊地推进。

第三天（2021 年 9 月 15 日）

天空依旧下着雨，主办方为了保证进度，将其中一个工作棚改为用电房，恢复了气钉枪的使用。各团队冒雨搭建，在主体构架的基础上，进一步利用竹篾、竹棒、竹梢等材料进行表皮及构件的编织。随着各方努力，至当天中午，各团队基本完成了竹构部分的搭建工作。与此同时，主办方依据参赛团队提供的清单，已将各组所需花材分发至各团队备料区。

下午，各个团队在完善竹构本身的基础上陆续展开了植物配置工作，依据设计图纸及施工情况对植物进行合理布置，在花境的映衬下，未来花园逐渐展露雏形。同时，主办方开始紧锣密鼓地对现场的废弃材料进行清理、回收。

第四天（2021 年 9 月 16 日）

　　各参赛团队利用最后半天的时间继续完善了植物配置，并利用灯饰、挂件、蒲团等物品对设计理念进行更进一步的诠释。最终，经过近四天的搭建，在新冠肺炎疫情、暴雨、断电等复杂情况下，来自 50 所设计单位和高校的 36 个竹构花园作品在零事故、零疫情的前提下全部搭建完成，青龙湖畔花团锦簇，竹构花园惊艳绽放。

4.4　作品评审

本次活动现场建造阶段的评审专家共有10位。评审委员会主席是北京林业大学园林学院教授、科技部全国风景园林规划与设计学首席科学传播专家、《中国园林》杂志主编王向荣，评审委员会委员有：清华大学建筑学院景观学系教授李树华，重庆大学建筑城规学院院长、教授杜春兰，同济大学建筑与城市规划学院景观学系主任、教授章明，国际竹藤组织全球竹建筑项目协调员、国际标准化组织木结构技术委员会竹结构工作组召集人刘可为，成都市公园城市建设发展研究院院长、教授级高级工程师陈明坤，中国建设科技集团总监、教授级高级建筑师李存东，AECOM董事副总裁、中国区景观设计总监梁钦东，成都市花木技术服务中心主任、高级工程师张彤，中国林学会竹子分会常务理事、竹境竹业科技公司董事长蔡卫。

王向荣
北京林业大学园林学院教授、科技部全国风景园林规划与设计学首席科学传播专家、《中国园林》杂志主编

李树华
清华大学建筑学院景观学系教授

杜春兰
重庆大学建筑城规学院院长、教授

章明
同济大学建筑与城市规划学院景观学系主任、教授

刘可为
国际竹藤组织全球竹建筑项目协调员、国际标准化组织木结构技术委员会竹结构工作组召集人

陈明坤
成都市公园城市建设发展研究院院长、教授级高级工程师

李存东
中国建筑设计研究院风景园林总设计师、中国建筑学会秘书长

梁钦东
AECOM 董事副总裁、中国区景观设计总监

张彤
成都市花木技术服务中心主任、高级工程师

蔡卫
浙江竹境文化旅游发展股份有限公司董事长

4.5　颁奖仪式

2021 年 9 月 16 日下午，2021 年成都公园城市国际花园季暨第四届北林国际花园建造周颁奖仪式隆重举行。

颁奖仪式现场，与会嘉宾、参赛团队及社会各界媒体近 500 人齐聚青龙湖湿地公园北部大草坪，共同见证本届活动的盛大开幕。历经近 10 个月的评选和筹备、近 4 天的现场搭建，来自 50 所设计单位和高校的 36 个竹构花园作品已经全部搭建完成，青龙湖畔花团锦簇，竹构花园惊艳盛放。

参与颁奖仪式的嘉宾有：原住房和城乡建设部总工程师、中国风景园林学会理事长陈重，国际竹藤组织全球竹建筑项目协调员刘可为，成都市人民政府副秘书长涂智，成都市公园城市建设管理局局长杨小广，中国风景园林学会教育工作委员会主任委员、北京林业大学副校长李雄，北京林业大学园林学院教授、科技部全国风景园林规划与设计学首席科学传播专家、《中国园林》杂志主编王向荣，北京林业大学园林学院院长、教授、《风景园林》杂志主编郑曦，北京林业大学园林学院教授、园林植物与人居生态环境建设国家创新联盟理事长董丽，成都市公园城市建设管理局总规划师刘洋海，龙泉山城市森林公园管委会副主任骆丹，中国风景园林学会副秘书长付彦荣，北京林业大学园林学院副院长、教授李倞，成都市公园城市建设管理局绿道建设管理处处长吴本虹，成都市公园城市建设管理局规划管理处处长黄曦玫，成都市博览局会展促进处处长刘兰懋，成都天府绿道建设投资集团有限公司副总经理胡佳，北京林业大学园林学院副教授、《风景园林》杂志副主编赵晶等。

陈重
原住房和城乡建设部总工程师、中国风景园林学会理事长

本次活动是今年风景园林行业的重要活动之一，也是成都公园城市建设中的又一件盛事，通过活动的举办，有助于进一步弘扬尊重自然、人与自然和谐共存的理念，更好地保护自然生态、倡导绿色低碳生活方式，让中国传统诗意栖居思想深入人心，让中国风景园林美学更好地服务于人民的高品质生活。

刘可为
国际竹藤组织全球竹建筑项目协调员，国际标准化组织木结构技术委员会竹结构工作组召集人

国际竹藤组织作为致力于提高全球竹藤生产者和使用者福祉的政府间国际组织，是花园季和建造周活动的大力支持者和见证者，非常欣喜地见证了活动的茁壮成长和丰硕成果，活动模式非常值得全球其他具有丰富竹林资源的国家和地区进行学习和借鉴。

王向荣
北京林业大学园林学院教授，科技部全国风景园林规划与设计学首席科学传播专家，《中国园林》杂志主编

今年建造场地更加开阔、更具气魄。虽然受到天气条件影响，建造中遇到有很多偶发状况，但是很欣喜地看到各组能很好地与自然互动、将自然力量融入花园。设计师们利用竹材的特征，充分发挥聪明才智和临场应变能力，呈现出了比设计方案更好的建成效果。

绽放 05

作品介绍

巧思精工，竹韵花香传承工匠精神

惊艳绽放，未来花园再筑城市风景

未来之墟
The Ruins of Future

被人类文明遗忘在原地的废墟

获奖情况：学生组一等奖
设计方：广州美术学院
指导教师：金涛 何伟
参赛学生：张莹 陈纳 张龙昊 张玲 严锦标 张百聪 相玥彤 冼小蝶
协作单位：成都市花木技术服务中心
协作人员：张彤 胥龙飞

设计构思

"未来之墟"是被人类文明遗忘在原地的废墟。

在未来，什么东西会被遗忘？什么东西会比人们活得更久？人们如何改变了环境？人们曾经从自然中创造出一些东西，这些东西会分解。如今，当人们把目光投向那些工业化进程中被废弃的建筑和工业，并反思技术进步在人类的历史和未来中扮演的角色，大量的工业废墟难以分解消散，对自然造成不可逆转的创伤。

在未来的社会进程中，倡导人们使用可降解的材料，这也正是对竹子这种材料的理解与期许。

模型展示

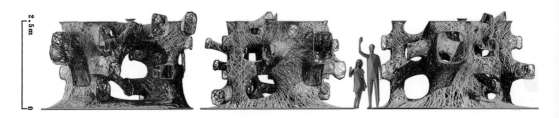

形态生成

▼结构分解

框架结构 1

在场地内规划行走路径

框架结构 1

搭建定位圈和支柱后 架主龙骨

通过参数化的手段将工业废墟层层叠叠、参差错落的空间关系表现出来。将工业废墟的形态抽象成许多大小不一的管件，它们之间相互穿插连接，重现工业废墟丰富的结构体系，并配以艺术花园的自然气息，探寻人工与自然碰撞而出的乐趣。

主龙骨×20 　　次龙骨×36

框架结构 2

搭建定位圈和支柱后 架主龙骨

框架结构 3

连接侧面和顶部的次龙骨

次龙骨×24 　　次龙骨×12

框架结构 4

连接侧面和顶部的次龙骨

框架结构 5

连接侧面和顶部的次龙骨

竹篾×200 　　竹篾×500

框架结构 6

框架结构 7

两种尺寸的竹篾，以随机的方式编织，塑造光影斑驳体验

原型

变形

抽象

▼单元结构分解

抽取形态结构线

2-3cm 直径圆竹作为主龙骨

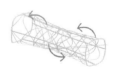

3cm 宽竹篾作为缠绕结构

1cm 宽竹篾加密

关于空间

　　"未来之墟"是一个极具未来感、奇幻感的竹构花园。从体量中生长出的洞、无序的编织、有机自然的形态,共同形成丰富的视觉感受。空间的内外通过洞口进行视线上的连接,无序的竹篾穿插使每一个洞口都有独特的框景效果。

关于材料

　　用柔软的竹篾来诠释工业的硬气,希望利用材料质感的反差引发人们对工业与自然的思考。

关于搭建细节

在实际制作的过程中，先把主龙骨搭建起来；有了基础的框架后再将三组次龙骨依次连接，形成完整的结构框架；最后附上两种尺寸的竹篾。不同尺寸的竹篾以随机的方式层叠编织，塑造光影斑驳的效果。

第一天：木桩定位后，分工进行各个主龙骨模块搭建。
第二天：完善次龙骨，小模块开始编织，关键模块封顶。
第三天：单元之间的连接梁搭接完毕，全力完善编织。
第四天：花卉植物布置，竹片、松木皮铺地，节点细节修剪。

关于植物

结合方案设计中内外两条弯曲的流线，通过不同的植物配置手法，形成差异化的景观序列，引导游赏者产生自由探索"废墟"景观的带入感和惊喜感。外围游走区以粗犷感的草本植物为主，包括粉黛乱子草、蒲苇等，烘托荒废、怪诞的气氛；紧挨构筑物的外围布置岷江蓝雪花、蓝鸟鼠尾草等灌藤和观花草本，与狂野的主体形成对比；构筑物内部以紫色、亮粉色的精巧观赏花卉组合形成花境。

星球种子
Seed Planet

种子破土于开花沼泽中

获奖情况：学生组一等奖
设计方：北京林业大学
指导教师：段威 李慧
参赛学生：金爱博 武再辰 王子尧 黄守邦 苗晨松 毛月婷 李梦姣 刘万珂
协作单位：成都市花木技术服务中心
协作人员：张彤 杨轶

设计构思

　　未来的花园是什么样的？抬头，人们看到了一望无垠的星空；低头，人们看到了一粒破土萌发的种子。

　　种子落入土里，破土而生，就像一颗微小的星球，沉入黑夜，点亮黑夜。种子是起点也是终点，是未来也是现在，花与种子的轮回罔替，过去与未来的时空交叠，未来的星球以种子为伊始自然生长，未来的花园亦如是。

模型展示

形态生成

种子掉落在花丛里，行人游走在花园中。在空间设计上，将花与种子的轮回罔替、过去与未来的时空交叠彼此映照，传达给空间内外的游者。从构筑物侧下方的豁口迈入其间，可以抬头仰望，驻足思考，感受时光流转，花园魅力永恒，体现出人类对未来诗意栖居的无限向往，与对美好自然深植于心的憧憬。

▼ 形态推演

Step1 几何原型
基于芙蓉花果实的形态对原型进行塑造

Step2 概念诠释
在外形上提取芙蓉花种子的种瓣作为主体

Step3 外层聚拢
外层结构对内部形成聚拢的姿态

Step4 双层结构
内外双层结构为植物与构筑物的植入提供了空间

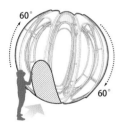

Step5 装置入口
对外层结构进行翻转创造入口

Step6 空间检验
通过底部入口进入花园体验花中静谧之感

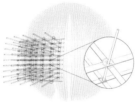

Step7 围护结构
竹篾与竹棒的承载结构模拟种子形态并形成围护结构

Step8 芙蓉再现
基于芙蓉果实概念形成兼具体验与观赏的未来花园

▼ 编织方式

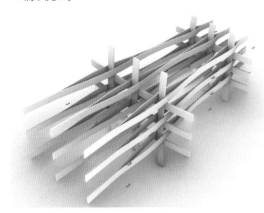

关于空间

　　在空间设计上，构筑物正前方预留的豁口使人得以迈入其间，或仰望星空，或凝望大地，感受时光流转，花园魅力永恒。

 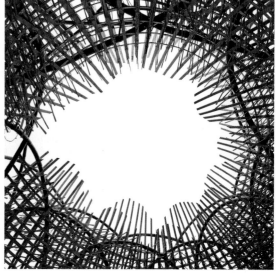

关于材料

　　材料上，选用以原竹、竹条和竹篾为主，以麻绳、木头为辅的组合。充分考虑竹材在不同状态下的特性进行设计。

关于搭建细节

利用木头、麻绳等材料，通过气钉枪、绑扎等方式搭建内外两层主龙骨；通过切割两层龙骨所处的平面，获得二者的交线，并对其进行延长，得到固定两层龙骨的最佳位置，继而搭接支撑柱；在内层龙骨的前后将竹条固定，作为内层经线、纬线的副龙骨结构；最后铺设竹篾表皮，垂直搭接在副龙骨之上，并用订书钉固定。

关于植物

在植物色彩设计上，为与构筑物形态相互配合，选用了绣球，并结合其他植物材料，共同体现"三醉芙蓉"的色彩流转。

搭配细节上，将藤本植物缠绕于竹构之上，营造花园中植物蔓生的绿意生机。

自由地生长
Growing Freely

未来的造园方式

获奖情况：学生组一等奖
设计方：华南理工大学
指导教师：林广思 熊璐
参赛学生：罗越 杜宇 戴璐璐 冯宇梁 谢宏立 陈衍臻 黄雯雯 韦灵墨
协作单位：成都大熊猫繁育研究基地
协作人员：吴永胜 任晨媛

设计构思

　　当前竹材在生产应用中的整体利用率低于 40%，竹材的非标准性与传统的连接方式往往使其被定义为非现代化的建造材料。如何提高原竹利用率？按围径级差分段利用是一种可能，可通过 3D 打印节点实现分段的自由连接。简洁的结构与契合的节点带来力与美的统一，未来的竹丛正在自由地生长。

　　当 3D 打印逐渐普及，一个普通人也可以成为出色的园艺师，花园不再是属于设计师的专利，每个人都可以是花园的亲历者和缔造者。

模型展示

形态生成

▼生形过程

自然生长过程模拟

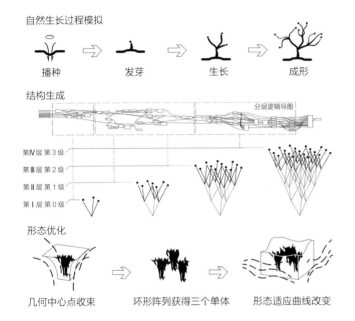

播种　　　　发芽　　　　生长　　　　成形

结构生成

分层逻辑导图

第Ⅳ层 第3级
第Ⅲ层 第2级
第Ⅱ层 第1级
第Ⅰ层 第0级

形态优化

几何中心点收束　　　环形阵列获得三个单体　　　形态适应曲线改变

基于毛竹节长与围径随竹高而变的变化分布关系，以整竹作为材料单元，从根部到顶端及竹枝，实现整竹完全利用。

整体形态上模拟自然生长过程，应用L系统分形逻辑生成基本结构单元，结合竹材围径分布规律多次迭代。

同时，获取每一层级两端直径平均值，作为连接节点的生形参数，通过标准化3D打印节点连接并适配不同级差的原竹分段。

▼原竹分级研究

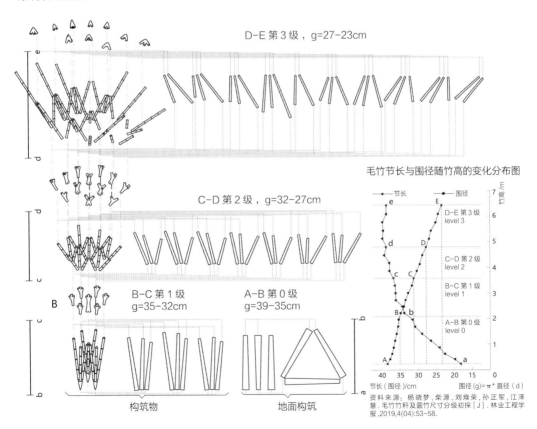

D-E 第3级，g=27-23cm

C-D 第2级，g=32-27cm

B-C 第1级
g=35-32cm

A-B 第0级
g=39-35cm

B

构筑物　　　　　　地面构筑

毛竹节长与围径随竹高的变化分布图

—— 节长　　—●— 围径　　竹高/m

D-E 第3级
level 3

C-D 第2级
level 2

B-C 第1级
level 1

A-B 第0级
level 0

节长（围径）/cm　　围径（g）=π*直径（d）

40 35 30 25 20 15

资料来源：杨晓梦，柴源，刘焕荣，孙正军，江泽慧.毛竹竹秆及圆竹尺寸分级初探［J］.林业工程学报,2019,4(04):53-58.

关于空间

　　"自由地生长"是一个极具未来感、科技感和自然感的花园。在约 4mx4mx5m 的空间内，簇簇竹丛亭亭而立，3D 打印节点错落有致，简洁的结构与契合的节点带来力与美的统一。日落星起，灯火摇曳，灵动的节点联系着人与空间，传递着浪漫与诗意。

关于材料

　　旨在实现整竹的完全利用，以不同围径的原竹分段拼接形成主体，顶部衔接摇曳的竹枝，通过环保材料 PETG、软胶材料 TPU 打印出不同类型的节点，实现自由连接。

关于搭建细节

　　首先按照定位安装三处基础；然后通过编码系统快组装一至三层原竹及一、二层节点；再利用第三层节点收束三株单体并装顶层节点；最后加固节点与基础、布置地面铺装与植物。

　　第一天：基础安装，节点处理，主体第一层组装，原竹及竹枝节点适配。
　　第二天：主体第二至三层组装，顶层中心竹枝安装。
　　第三天：顶层外围竹枝安装，节点及基础加固。
　　第四天：场地清理，地面铺装与植物布置。

关于植物

　　遵循未来感、科技感及自然感氛围的营造。色系上，以金叶满天星、狐尾天门冬暖绿色植物打底，搭配山桃草、粉黛乱子草、假龙头、醉蝶花等粉色植物和蓝雪花、姬小菊、马鞭草、紫穗狼尾草等蓝紫色系植物，再点缀少量金光菊、超级向日葵等亮黄色植物，营造自然的植物景观。同时利用藤本植物风车茉莉，绕竹而上，与 3D 打印节点相呼应，营造神秘感与未来感。

锦绣霁川
Sunlit Stream as Silk

未来所见，锦绣霁川

获奖情况：学生组一等奖
设计方：四川农业大学
指导教师：吕兵洋 陈其兵
参赛学生：李宗晟 杨史前 桂唯 孟通通 余楚萌 谢守红 姜宇馨 罗文皓
协作单位：成都市文化公园
协作人员：郭庆 张峰

设计构思

　　蜀锦蜀绣，源远流长。蜀地山水，清幽意远。风光月霁，繁华锦绣，以锦绣诠释山水，交错糅合，编织未来。

　　采撷山川之形势为骨架，川流穿险山而过为内部曲面。灵巧的曲面浮动在规则严谨的网格系统中，暗喻人与自然的关系，也是过往和未来交互关系的缩影。

　　以蜀锦之柔美为神韵，游然浮动。方寸蜀锦展现出虚怀若谷纳乾坤的情怀。自然之名，折叠时空，窥见未来。

　　至美于物，锦绣于心。从自然中来，回到自然中去。山水之间，即是未来。

模型展示

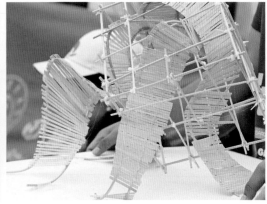

形态生成

▼ 形态演化

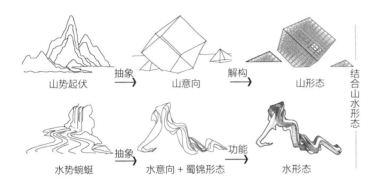

山势起伏 抽象→ 山意向 解构→ 山形态 结合山水形态

水势蜿蜒 抽象→ 水意向 + 蜀锦形态 功能→ 水形态

水从山间驰流而过，如锦缎绵延，用现代视角重构山水语言，展现山水意态度。

在未来的花园里表达对人性和自然的情感，描绘着以山水画卷为社会理想的未来，山水锦绣方寸地，虚怀若谷纳乾坤，迎合着诗和远方的憧憬。

▼ 结构生成

元素　　框架　　整体

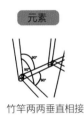

竹竿两两垂直相接

形成网格立方体框架

曲面依框架搭建

结构网架搭建　　框架深化留出曲面　　营造周边环境

将蜀山的形态提取抽象转化为外部立方体框架。将蜿蜒曲折的川流新形态转化为灵动飘逸的内部曲线框架。

▼ 编织方法

搭接→ 插入→ 旋转→ 成形→ 效果→

先以四条竹篾为一单位，依序如图重迭散开，再增加四条，并注意其如何交织，理出道理后，逐渐增加。

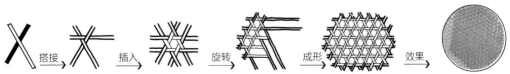

搭接→ 插入→ 旋转→ 成形→ 效果→

此法系以三条竹篾起头，再以三条竹篾织成六角孔，以后分别以六条逐渐增加。

关于空间

以自然之名，折叠时空，窥见未来。外部以简单几何框架构建空间架构，简洁规整，在诗情画意的氛围中增添知性感、科技感和未来感。竹网格为基础元素，大小各异的曲面穿插在规则严谨的网格系统中，时而与其相切，时而散落于系统外，暗喻人与自然的关系，也是过往和未来交互关系的缩影。

关于材料

框架部分主要采用直径 4cm 的原竹，表皮采用竹篾片编织完成。光影交错，折叠变换，在虚与实的呈现中与未来对话。

关于搭建细节

先搭建曲线部分使其立稳，再搭建外部的立方体构架。

两部分都可以是单独立稳的，而两者组合在一起，相互支撑，分散受力，来达到更加稳定的效果。直线和曲线两部分，亦实亦虚，相辅相成，在视觉上达到均衡。敷面采用纯编织的手法，其中顶部编织尤为困难，建造团队齐心协力最终将作品完美呈现。

关于植物

首先，在植物种类的选择上，以观赏草为主体，主要打造自然野趣的氛围。

其次，在空间层次上，低层配以草花植物，高层采用芒草类植物围合，增强隐秘感。整个竹构周围用竹子环抱，清幽怡静。

整体花卉色调以蓝紫为主，编织旖旎绮梦，赋予场地未来感。

星际穿越
Time Slip

一起开启星际穿越之旅吧

获奖情况：学生组一等奖
设计方：北京林业大学 国际竹藤中心
指导教师：刘志成 胡陶
参赛学生：胡真 霍子璇 谢毓婧 王晴 马超 刘天明 曹飞威 刘沛园
协作单位：成都市自然保护地和野生动植物保护中心
协作人员：刘皿 洛强

设计构思

宇宙神秘，浩瀚无垠，人们总是将其与未来相联系。

目前的科技无法带人们探索宇宙的边缘，但是无尽的想象却能带人们在星际间穿越、在时空中穿梭。收集宇宙中漂浮的尘埃，聚点成线、集线成面，编织成一个个时空通道。竹构的承重主体形态是已经连接的虫洞，边上还有正在连接的虫洞，形成了互相交织渗透的空间，而无序的表皮营造了无尽宇宙神秘的氛围。

抬头仰望，对视宇宙，手指星辰，遥远的时空仿佛触手可及。

模型展示

方案生成

▼ 搭建过程模拟

1. 底部框架搭建   2. 顶部框架搭建   3. 双层表皮搭建

▼ 结构分解

推演

星光汇聚   聚点成线   集线成面

搭建

截取长度相近的竹篾   沿框架无序拼接   表皮搭建完成

▼ 连接方式

麻绳捆绑   枪钉钉接   尼龙扎带捆绑

▼ 平面图

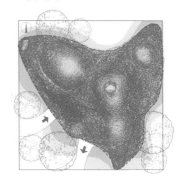

▼ 立面图

▼ 种植分析

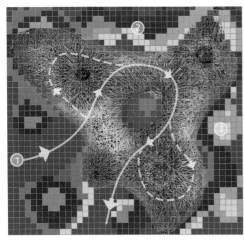

在花园入口处种植蓝色、紫色花卉，如天蓝鼠尾草、蓝雪花，营造如夜空般静谧神秘的氛围。

顺路径前行，黄色花卉逐渐增多，如金光菊、木春菊，后以紫色、蓝色花卉作为背景，仿佛夜空中的星河。

近出口侧，黄色花卉成簇点缀在蓝紫色花丛中，形成繁星点缀的效果。紫叶鼠尾草作为整体植物景观的背景。

关于空间

　　作品模拟了产生虫
洞的过程，自然交融的形
态极具未来感和神秘感。
竹构的承重主体是已经连
接的虫洞，与边上若干正
在连接的虫洞构建出互相
交织渗透的空间，在流动
的空间中形成独特的框景
效果，而无序表皮营造了
宇宙无尽的神秘氛围。

关于材料

　　在表皮材料的选择上，选用 3cm 宽的质感较厚的竹篾，通过其无序穿插进一步烘托出竹构
"拙"的质朴气质，在视觉上形成"过去"与"未来"的碰撞。

关于搭建细节

　　竹构的搭建自下而上，以粗细不同的原竹依次搭建主次龙骨，形成整体框架。再使用长竹篾搭建形成表皮框架，最后通过长短不一的竹篾沿框架无序拼接覆盖表面，完成搭建。连接方式上主要采用了枪钉钉接、麻绳捆绑、螺丝螺栓衔接、尼龙拉索捆扎等方法。

　　第一天：放线定位，进行各个主龙骨及部分次龙骨的搭建。
　　第二天：完善次龙骨结构，形成整体结构，开始搭建表皮框架。
　　第三天：完善地面部分的结构，利用长短不一的竹篾进行表皮的无序穿插。
　　第四天：修整、完善编织效果，进行植物布置。

关于植物

　　把竹构比作虫洞，用花卉作为浩瀚星空，所以在植物配置方面，选用形态粗放的蓝紫色系花卉如天蓝鼠尾草、蓝雪花等模拟浩瀚宇宙，用黄橙色系花卉如金光菊、木春菊等作为星辰点缀，周边环以紫叶狼尾草烘托氛围。花卉环绕构筑，置身其中，遥远的时空仿佛触手可及。

触霓裳

Wander in the Colorful Plumage

天阙沉沉夜未央，碧云仙曲舞霓裳

获奖情况：学生组一等奖
设计方：天津大学
指导教师：王洪成 胡一可
参赛学生：郭茹 刘雅心 赵玥 李致 梁宁 甘宇田 马天赫 孙硕琦
协作单位：成都市花木技术服务中心
协作人员：张彤 刘波

设计构思

"天阙沉沉夜未央，碧云仙曲舞霓裳。"

霓裳羽衣，以云霓为裳，以羽毛作衣。每根羽毛由不同的羽枝生成，羽枝之间既可自由分离，又可复位咬合，形成一种轻如鸿毛却具有相当强度的网状结构。

作品运用仿生的设计理念，借鉴霓裳自由的形态和特殊的网状结构进行空间限定和纹理生成，充分考虑不同人群仰、俯、行的需求，破开空间，伸出触角，形成飘逸灵动的空间形态，满足人们观、游、探的多重体验，让人们可以随一曲霓裳，看日月星辰、四季流转。

模型展示

方案生成

▼ 形态生成

1 空间限定

5 扭转龙骨

2 破开空间

6 分散受力

3 伸出触角

7 峰谷体系

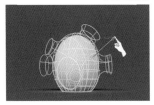

4 曲面拱框架

8 竹片排列

设计团队进行空间限定，根据游人仰、俯、行的不同需求破开空间，伸出触角加强景深，寓意探索未来。

在搭建过程中，在横向和纵向上用 3cm 粗的圆竹搭建 4 个圆环和 4 个圆弧，构建形体的辅助支撑结构，进行定位。龙骨通过将不同定位点进行连接，形成峰谷两层网络。一方面去皮竹片形成的主龙骨"峰谷"扭转可以实现主体结构全方位的分散受力，另一方面带皮竹片等距排列又可以强化结构支撑。

曲面拱框架模拟

▼ 模拟搭建

小组成员在模型制作过程中对作品结构的可行性进行了研究，建立了整体的定点框架，并根据点位对局部峰谷形态进行了手工编织。实际搭建过程中，使用 60 根竹片作为峰、60 根竹片作为谷，3600 根 25~30cm 的竹片将峰谷相连，空间与形态一体化，与花境实现融合。

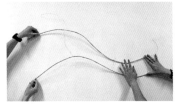

峰谷体系

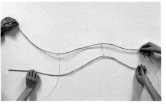

峰谷体系

竹片排列

关于空间

　　竹构成形和开洞充分考虑不同人群需求，飘逸、灵动的竹构给人们可观、可游、可探、可居的多重体验。

　　可观：由远及近，远观形态，近看纹理，形成独特的未来花园。
　　可游：置身竹境，步移景异，高低起伏，形成多样的游赏体验。
　　可探：结合触角，形成框景，加强景深，实现内外空间的互动。
　　可居：多人围坐，嬉笑攀谈，看云卷云舒，昼夜变幻。

关于材料

　　在材料的选择上，全部使用竹片来构建竹构的结构、表皮、空间，让原本柔软的竹片通过特殊的组织形式变得异常坚挺，也增加了疏密有致的视觉感受。

关于建造逻辑

在建造中将设计逻辑与建造逻辑综合考量，注重体现竹性及相应的建构品质，力争在符合力学逻辑与美学原理基础上，使构筑物的结构、表皮、空间一体化，使竹构与花园景观一体化。

关于花境

花境沿构筑物外轮廓布置，通过组团花卉巧妙的配置，与飘逸的构筑形态交相辉映，相互配合，加深游人"无分内外"的空间印象。花境种植以粉黛乱子草为基调，配合少量的佛甲草、矾根、藿香蓟、美女樱，与场地纷飞的草木融合，营造富有野趣、若隐若现的视觉效果。

星渊吟游

Poetic Tour of the Stars

异星球花园缤纷呈现

获奖情况：学生组二等奖

设计方：西南交通大学

指导教师：吴然 周斯翔

参赛学生：张润旋 文欣雨 王志鹏 苏巧敏 赵秋吉 刘兰 冯旭环 起雨涵

协作单位：成都市花木技术服务中心

协作人员：张彤 韦科行

设计构思

　　从古人观星占卜预测未来，到近现代大力发展航空事业深入太空，人类探索宇宙的脚步从未停下。

　　方案作品大小球体错叠，形成内外丰富的空间形态，利用植物烘托营造多样空间，隐喻未来"打破"星球隔离，异星球花园缤纷呈现。乱序编织、疏密渐变的表皮，光影斑驳，花园内外植物若隐若现。蜿蜒的单向流线，将人类从仰望星空到探索不同星球的历程串联，或惊鸿一瞥，或遥相对望，虽道路曲折仍孜孜不倦。

　　精彩访谈："公园城市"体现人们对美丽宜居城市的美好向往，是为实现未来人与自然和谐相处美好愿望迈出的重要一步。正如主题阐释，"未来充满多种可能性，它不仅意味着科学技术的不断革新，也蕴含着人们对于诗意栖居环境的向往"。未来花园的可能性存在于我们每个人心中，我所理解的公园城市语境下的未来花园，就是发挥想象，超越时空，引发共鸣。

模型展示

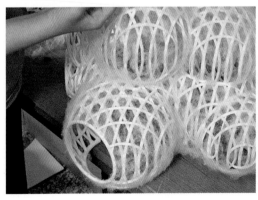

形体结构与互动体验

▼形体生成

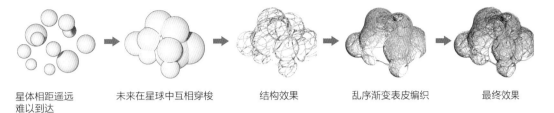

| 星体相距遥远
难以到达 | 未来在星球中互相穿梭 | 结构效果 | 乱序渐变表皮编织 | 最终效果 |

▼结构分析

| 次框架结构基本形状 | 球体相接处形成主框架 | 主框架与次框架连接 | 主次框架形成整体 | 留出出入口处框架边界 |

▼尺度分析

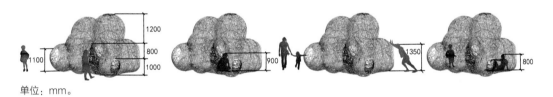

单位：mm。

▼互动性分析

| "穿越之门"前赏花境 | 发现"异星球"小花园 | 星灯环绕中望夜空 |

关于空间

多球体组合，设计运用三种内外沟通方式：①球体间较大空隙形成主入口——"穿越之门"；②球体上开不同大小和高度的洞口进行空间暗示、框景互动；③乱序表皮与框架形成的肌理实现内外不同程度的渗透。整体呈现如宇宙星辰般璀璨壮观的肌理，于方寸之地构建浩瀚美妙的未来花园。

关于材料

用不同宽度和厚度的竹篾编织乱序表皮，形成球体间的肌理对比，象征不同星球，再用预制原竹主龙骨将各个星球紧密连接。入口通道用黑色碎石铺地，与构筑物内白色碎石形成对比，强化"穿越感"。内部放置蒲团，柔软细腻的质感与花卉草本共同营造温馨美丽的异星球氛围。

关于搭建细节

第一天：场地定位打入竹桩后用竹条圈梁定形基底加固。
第二天：主龙骨搭建赶工，分工搭接调整次龙骨定球形，开始进行各球体乱序表皮编织。
第三天：顶部大球在地面编织完成后搬运封顶，整体调整形态完善编织，安排植物搬运。
第四天：植物花卉布置，竹节覆膜填平泥地后碎石铺地，最后进行现场清理工作。

关于植物

　　入口处搭配层次丰富的粉蓝花境烘托异星球氛围，背景选择高大粗犷的蒲苇昭示着苍茫宇宙。进入内部，冰蓝无尽夏夹杂着灰白的银叶菊从右侧侵入，寒冷星球的冰冷丝丝渗出；正望前方窗外由蒲苇主导而高低起伏的浅金摇摆波浪，水系星球绮丽诡谲狂野袭来；夹在粉黛乱子草间的无尽夏绣球与天蓝鼠尾由左前方洞口进入视野，异星球花园露出一角，仿佛惊鸿一瞥。左转寻到出口，穿越萧条的第三星球，遇见美丽的未来星球花镜。

遗落之境
The Lost Garden

方寸之间，遗落之境
——星球上最后一片希望的花园

获奖情况：学生组二等奖
设计方：重庆大学
指导教师：夏晖 罗丹
参赛学生：吴有鹏 何定洲 李晴宇 肖天宇 李涵青 刘雨璇 蒲旸 杨柳
协作单位：成都大熊猫繁育研究基地
协作人员：吴永胜 任晨媛

设计构思

"弱小和无知不是生存的障碍，傲慢才是。"

关于未来，设计团队有过很多的设想。疫情肆虐，资源消耗，灾害频发，人类的未来是否还有美好的地球家园？未来花园又从何而来？其存在形态是否有多种可能性？

设计团队从《三体》等科幻作品中萃取灵感，希望打造一个具有宇宙浪漫主义，毁灭与重生的花园。"遗落之境"是一种充满希望而又不被打扰的美好意境的花园。

模型展示

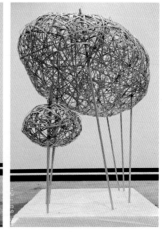

形态生成

▼结构分解

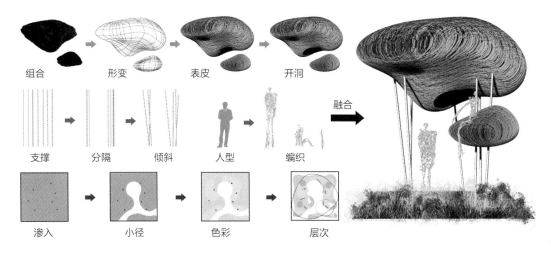

组合 → 形变 → 表皮 → 开洞

支撑 → 分隔 → 倾斜 → 人型 → 编织 → 融合

渗入 → 小径 → 色彩 → 层次

▼设计分析

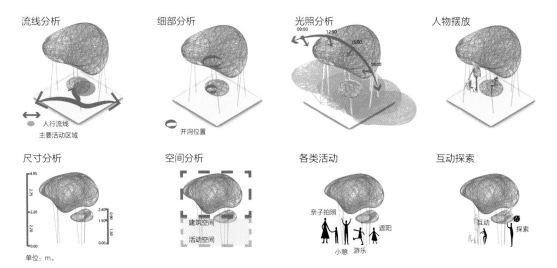

流线分析

人行流线
主要活动区域

细部分析

开洞位置

光照分析

09:00 12:00 15:00 18:00

人物摆放

尺寸分析

4.95
2.75
2.40
2.20 0.90
2.20 1.50
0.00 0.00 1.50

单位：m。

空间分析

建筑空间
活动空间

各类活动

亲子拍照
遮阳
小憩 游乐

互动探索

互动 探索

▼花园立面图

正立面图　　　　　背立面图　　　　　右立面图　　　　　左立面图

关于空间

　　整体高 4.9m，下方空间平均高度 2.2m，在下部空间中设置合理流线，再将植物延伸进场地，形成顶部覆盖空间、中部活动空间、底部花园空间三大竖向空间层次。

关于材料

　　利用 2cm 宽的竹篾进行表皮编织，形成乱中有序、疏密不一的编织肌理。光线透过表皮缝隙渗透进空间内部，并随着时间变化形成丰富的光影效果。

关于搭建细节

在建造过程中，定制材料出现与图纸不符的情况，于是临时调整了方案和主体结构，在巧妙地解决了棘手问题的同时，也达到了预想的设计效果。实际建造的过程中不断推敲方案，在保证方案设计效果的同时，也不断调整结构的连接方式。

团队成员在搭建过程中通力协作，互相鼓励，互相帮助，克服了天气、施工技巧等重重困难，最终将作品从图纸变成实体。

关于植物

植物种植空间分为三个层次，由内及外植物高度逐渐升高，外围以蒲苇、芒草为主，一方面可以起到遮挡支撑杆的作用，另一方面可以体现花园无序却又有生机的景象。中层和底层主要选取黄绿色、粉色、紫色、白色等色彩丰富的植物，给人以包裹希望之感，体现遗落之境的凄美与希望。

渔亭

Net Pavillion of Seclusion

逃离内卷的现代社会

获奖情况：学生组二等奖

设计方：中国农业大学 南京工业大学 北京林业大学

指导教师：王翊加 刘峰

参赛学生：李佳侬 王锦轩 田绍弘 罗霖熠 冯晓暄 汪文清

协作单位：成都市人民公园

协作人员：刘永忠 刘家柳

设计构思

　　未来社会，对于发展效率的盲目追求使得现代化科技逐渐主宰人们的生活，大数据技术和信息技术的使用正安排和监管着人们的时间，使原本质朴的生活状态在科学技术追求成绩与效率的要求下逐渐瓦解。至此，人们急需逃离由大数据技术织成的更为严密的"尘网"。接受隐士文化的倾向性显现了人们重新向往渔夫穿行于层层叠叠网架下的生活，重新使用鱼竿、渔网，构建精神的庭院，暂且避开信息技术对精神自由的束缚。

模型展示

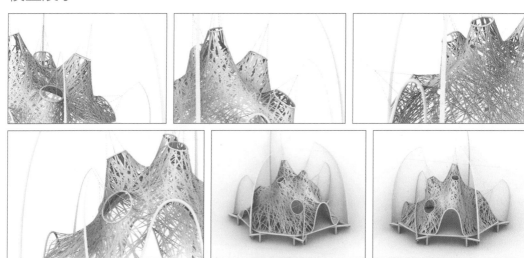

方案生成

▼形态生成

　　整个形体通过 Rhino 中 Grasshopper 的 Kangaroo 插件进行受力分析与找形，以得到科学与美观并重的结构。设计团队学习并参考蜀绣中的传统编织手法进行竹构外立面编织设计，最终生成了现有的方案。

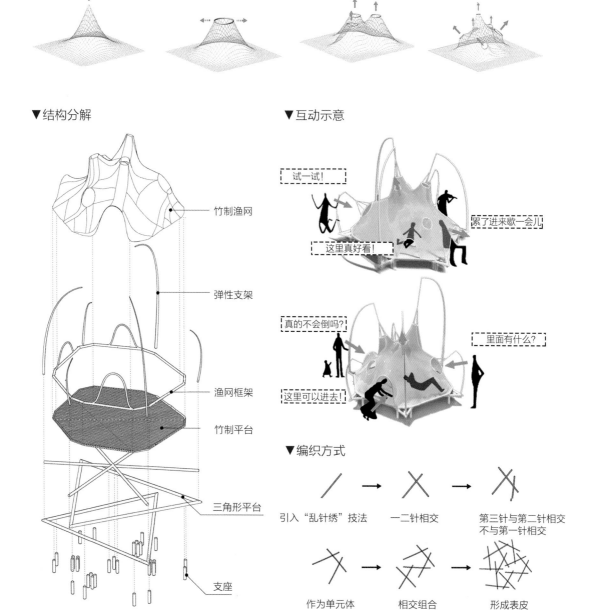

▼结构分解

竹制渔网

弹性支架

渔网框架

竹制平台

三角形平台

支座

▼互动示意

试一试！

这里真好看！

累了进来歇一会儿

真的不会倒吗？

里面有什么？

这里可以进去！

▼编织方式

引入"乱针绣"技法 　 一二针相交 　 第三针与第二针相交不与第一针相交

作为单元体 　 相交组合 　 形成表皮

关于空间

在设计时，团队希望将有限的空间多元化，力求为观者带来多重体验。因此，通过内外两层结构突出"外围的世界"和"安宁的内心"两种对比空间。

关于材料

相比于其他材料，团队力求挖掘竹子自身的密码——富有弹性与韧性。因此，不仅在平面上对材料进行编织，并且力求通过支撑、牵拉等形态展现出材料的更多特性。

关于搭建

从图纸设计落实到地块建造，受成都夏末湿热空气与连续降雨天气的影响，整个搭建过程难度增加，对成员们的体力有了更高的要求。在细节上，原材料的使用出现了些许差错，打破了原本计划的预留时间。

关于植物

以自然生长的观赏草为主，展示其朦胧轻盈的形态，呼应作品寓意给人们带来的无尽畅想，以草本花卉的淡雅清新展示作品生命活力。植物搭配保证四季都具有观赏价值，以带来不同的体验。

X－光的降临
X－The Advent of Light

充满未知的"X"代表着未来无限的可能

获奖情况：学生组二等奖
设计方：西北农林科技大学 西安外事学院
指导教师：李志国 孙静
参赛学生：宣乐 胡昊冉 邓禹倩 高嘉雄 高禄鸿 徐悦颖 范凯
协作单位：成都动物园
协作人员：谷阳 唐卢林

设计构思

命运只有一个，可未来却有很多选择。

未来难以揣测,搭建一个让每位游园者寻觅、相遇的桥梁,让他们能在花园中去思考和感知未来。

以"X"这个充满无限可能的字母为主要设计元素，此外还融入了可旋转屏风装置，将其提炼、概括、几何化，加入灯光穿梭于"X"中，营造一种光芒降临之感。屏风随风而动，也可随"心"而舞。

模型展示

方案生成

▼形态推演

▼结构编制

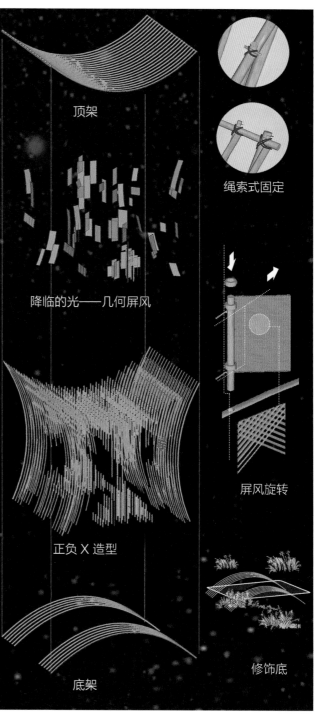

搭建流程

①固基——稳定主要结构与节点；②强化——强化构筑物其他非主要的部分，主要强化各个节点；③初步搭建——完善构筑物；④构筑物后续搭建；⑤安放植物、刻画细节等。

▲固基

由于构筑物形态特殊，整体构筑物对部分节点的稳定性和材料强度有一定要求，我们用了几乎一天的时间来不断完善，特别是上图中构筑物的四个顶梁。

▲强化

在固基的基础上，强化其他部分，特别是主体的顶部四条横梁，后期需要承重几乎所有的主体部分，采用了"钢钉＋麻绳"双保险措施。

▲初步搭建

初步搭建主体结构，避免高空作业的危险和难度，采用单元化模块，在地面上组装好，再整体组合上去，省时省力。

▲后期搭建／最后部分完善

调整形状和形态，使之达到一定的审美要求，最后放置植物，以完成最终的构筑物整体效果。

相关搭建细节

搭建过程中，原计划采用钢钉连接主要结构和节点，但钢钉主要应用于直径较大的竹材，并且钢钉结构由于钻孔对构筑物主要承重竹材有一定损害，因此最终采用麻绳加以捆绑。

这一方法对构筑物的重要节点起到了很好的保护作用。

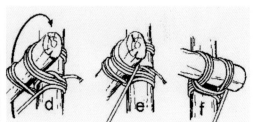

搭建结构细节　　　　　　　　　　　　　麻绳捆绑方式

植物配置

在植物选取方面，选取了与竹材黄色色调互补的蓝紫色花卉植物。既起到一定的相互烘托作用，也暗喻大千世界的万紫千红。

移云荧惑
A Cloud on Mars

火星上的一朵云

获奖情况：学生组二等奖
设计方：上海交通大学
指导教师：张洋 于冰沁
参赛学生：张乐 朱张淳 么佳贤 赖佳妮 张陈缘 高幸 王浩哲 王嘉韵 吴佳远
协作单位：成都市园林绿化工程质量监督站
协作人员：付勇 张和月

设计构思

　　未来，人类在火星（古称"荧惑"）上拓展居住地，以应对地球环境的恶化。他们在地球原始的自然中探寻火星建设的良方，希望在火星上将地球的自然环境复刻。而竹子作为一种轻质天然材料，能够在火星上的极端温度和高浓度二氧化碳中存活甚至快速生长。于是，竹材这种天然建材被搬运过来，用于建造火星上的精神疗愈花园，以寄托人们对地球的思念。花园形成了一块独立而富有生机的空间，隔断火星裸地的荒凉感，让游人置身其中，脱离世俗桎梏，寻求精神的慰藉。

模型展示

形态生成

▼云之概念

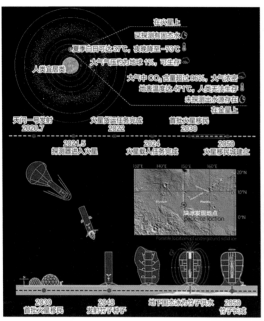

▼云之形态

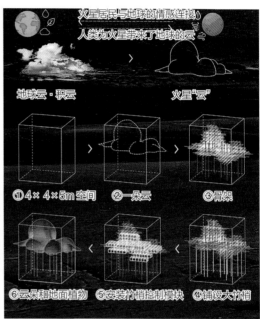

目前已知火星上存在固态水、与地球相近的温度及大气气压，使之成为人类移居的最理想的星球，其自然条件也为竹子生长提供了可能性。

▼云之体验

人类移居火星后带来了一朵地球的"云"，成为地球与火星间的情感纽带。将竹圈单一模块复制形成云的片层，并通过控制竖向竹圈疏密，起到支撑云层作用，同时形成层次感，最后铺设竹梢形成云朵蓬松之感。

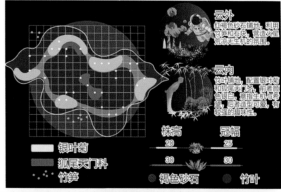

关于搭建细节

放线定位：在对竹材进行清点后，团队严格地依据施工图定位轴线在场地内进行放线定位。

立柱：立柱基础部分在地下 60cm 处绑扎了6 根小木桩，既避免了水泥基础对基地的损害，又获得了很好的稳定性，同时使地表竹竿在设计美感上十分简洁。

横杆连接：横杆既可以承载竹圈结构，又可以同时起到水平向固定竖杆的作用。为保证竖杆水平向的稳定，每一根竖杆都至少和两根横杆连接。

模块组建：模块化搭建是设计中对未来火星花园的展望之一，作品中使用的竹圈均由工厂预制完成，并进一步制作为水平连接的双竹圈模块和立体的四竹圈模块。在现场搭建中，再依据图纸对竹圈进行模块组装。

竹丝填充：作品使用的竹丝由竹材刨制而成，提高了竹材的使用率。竹丝的填充使得竹"云"拙朴而蓬松。

云层抬升：竹丝填充后的模块在地面分层组件完成后，被逐层（由上至下）抬升至指定标高。基于场地积水严重的情况，团队创新地将竹丝同时运用在"云"的主体填充和铺地上，实现了空中与地面的呼应、竹构与花园的呼应。

关于植物

云外红色沙石铺地，竹笋生长于荒凉的火星土壤中；云内配置银叶菊与狐尾天门冬，在云的滋润下焕发出勃勃生机。狐尾天门冬的造型凸显了火星花园的神秘感、蓝羊茅与红色火山石的配合渲染火星氛围。

寰行

Take a Dip in the Vast Milky Way

环形时空的星空幻想

获奖情况：学生组二等奖
设计方：西南大学 苏州大学
指导教师：周建华 孙松林
参赛学生：钟涛 贺宗文 倪明 陈愉 吴若丽 肖明志 白晨
协作单位：成都市公园城市建设发展研究院
协作人员：陈明坤 刘洪涛

设计构思

在浩瀚的星河中，跟随行星的轨迹周而复始地航行，那里有无数尚待人们探索的世界和等待人们诉说的故事，召唤人们无限的希冀与遐想。

这个未来花园是基于人类对未知星球的美好向往，畅想有朝一日人们能推开充满未知的奇幻世界的大门，深入星空之境，恣意地遨游宇宙，拥抱星辰大海。

精彩访谈：纵观历届花园建造节，我发现花园建造对竹材的使用越来越灵活，竹材的种类规格越来越丰富，获奖作品中曲线的元素越来越多，这是对竹材易弯曲特性的良好应用。在装饰方面也出现更多的新材料、新技术的使用，比如这届的获奖作品就出现了3D打印技术。

模型展示

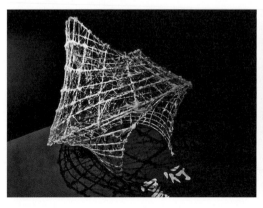

形态生成

▼结构分解

利用原竹易弯曲加工，竹篾轻薄、变形性强的特性，我们用环形原竹构建主体骨架，将几条圆形闭合线调试角度，放样形成星云状曲面，之后用扭转的弯曲毛竹进行竖向支撑，再用竹篾乱编的方式进行表皮编制，形成深邃未知、连接未来的星空之境。

圆环

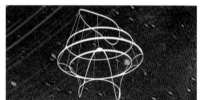

骨架

表皮编制

▼活动行为示意

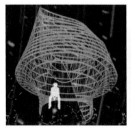

静坐

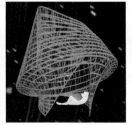

沉思

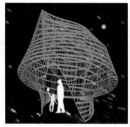

活动

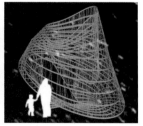

游览

关于空间

　　开敞的入口搭配引导性的植物，吸引游人进入"寰行"，内部设置静思空间与互动装置，中心不规则的圆形开洞打破内部的沉闷感，令人不禁驻足于此。在苍穹之下，仰望星空，与日月星辉对话，或是参与其中，感受宇宙行星运动的奥秘。

关于材料

　　竖向采用笔直的原竹作为主龙骨，横向采用原竹弯曲拼接成环状，层层叠叠模拟星轨。表皮利用竹篾编制，内部装饰竹篾编制的小球模拟运行的行星。

关于搭建细节

搭建过程严格按照施工进度表安排施工。按照施工图的要求放线，拼接材料。搭建过程中遇到圆环的弧度与施工要求有一定误差的情况时，通过工人师傅手工锯调整弧度的方法进行现场调节。

施工中因为场地积水停止供电一段时间，小组用手锯处理材料，用麻绳捆扎固定结构的方法完成部分搭建。

表皮编制过程中，用手工划分竹篾的方法，现场调整适合编制的尺度，取得最好的表皮编制效果。

关于植物

外部植物种植形式模拟星轨的流变形态，以花园构筑为中心向四周螺旋发散开，由高到低逐渐过渡消隐。色彩以蓝色和紫色为基调，模拟星空的深邃，引起人们对神秘星空的好奇，以此表达对未来花园的畅想。梦幻的花卉颜色与神秘的主体结构交相辉映，宛如遨游在蓝色星河。

若比邻
A Place Nearby

身未触，心相牵，你我"若比邻"

获奖情况：学生组二等奖
设计方：华南农业大学
指导教师：林毅颖 李剑
参赛学生：梁键明 王丹雯 戚百韬 梁文红 柯家敏 黄婷君 邹小骞 饶婕妤
协作单位：成都市植物园
协作人员：刘晓莉 陈刚

设计构思

后疫情时代，人们渴望寻找一个能在安全距离下展开交往的空间。

团队以"在隔离中交往"为设计出发点，结合疫情前后人与人交往状态的改变，联想到地球围绕太阳公转至近日点时"隔离而亲近"的天文状态，打造"比邻"之境。

以竹构围合出两个球体空间，进行疏密变化的横向表皮编织。通过植物、交互设施等，使处于两个空间的个体拥有相同的氛围体验，实现"身未触而心相牵"的"比邻"之聚。

模型展示

形态生成

▼ 形态推演

动：地球绕太阳运动至近日点 　合：太阳与地球千丝万缕的联系 　缠：抽取星球的肌理（星球山形） 　织：竹篾表皮编织

1. 形态原形生成 　2. 体块嵌合连接 　3. 骨架形态构建 　4. 表皮编织

"隔离而不隔绝"的交往状态，如同太阳与地球的天体关系。团队化用太阳与地球的天体关系，生成竹构的基本形态。

拟态两大天体，搭建内部支撑结构，塑造出一大一小两个球体空间，并借助其构造外部支撑结构。

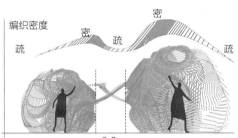 

0.8m

从星球表面抽离出肌理，进行流线型的外部骨架设计。

最后，结合防疫安全距离与视线交流的需求，赋予疏密变化的竹篾编织，完成形态的塑造。

▼ 空间体验

进入 　仰望 　游赏 　静坐

155

关于空间

　　"若比邻"是一个亲密而隔离的竹构花园。沿着游线进入两个空间的个体内部时，到达"隔离而亲密"的状态。通过开窗设计及疏密变化的竹篾编织，使两个空间的人得以对望。两球之间以轨道相连，可以实现传声交互；可通过其传递装有花种的竹球，增强交互感。

关于材料

　　在材料的选择上，用变化丰富的竹篾编织来表现星球的纹理，希望利用密度不同的编织，实现人与人、人与自然间的奇妙互动。

关于搭建细节

在实地搭建的过程中，先把两个球体的主龙骨搭建起来；有了基础的框架后，再将多级骨架依次连接，形成完整的结构框架；最后覆上竹篾；竹篾以放射状的方式层叠编织，塑造奇幻的光影体验。

第一天：整地定位后，分工进行两个球体主龙骨搭建。

第二天：搭建完善多级次龙骨，在龙骨的基础上搭建小窗，初步编织。

第三天：进一步完善编织，连接两球轨道。

第四天：花卉植物布置，竹片铺地，细部修剪和清洁。

关于植物

以强调"处于两个不同空间的人却有着相同的休憩感受"作为出发点，将不同品种植物的种植范围镜像化，即在两个球体对称的位置营造相同的花境。蒲苇、细叶芒等绿色系植物，带来轻松且富有野趣的氛围感；向日葵、狐尾天门冬、蜀葵和蓝花鼠尾草等，有一种未来城市向上的生命力和复杂的组合性，使游人的心随之舞动；蓝花鼠尾草、千日红和蓝猪耳等植物，实现人与自然的对话，增添交互感。

听风吟

Hear the Wind Sing

聆听过去 看见未来

获奖情况：学生组二等奖
设计方：宜春学院
指导教师：周鲁萌 卢洁
参赛学生：杨祖慧 胡家豪 黄乐宽 杨燕 余未凡 任璧
协作单位：成都市百花潭公园
协作人员：谢宗良 邱浚

设计构思

　　时光匆匆，我们被催赶着奔波，但我们走得太快，是时候停下来等等自己的灵魂了。那么未来的花园会是怎样的呢？可能是给每一个凡尘中因披星戴月赶路而逐渐迷失自我的人一个星球吧。停一停，等一等，静一静，听听风声，闻闻花香，聆听自然的呼唤，倾听内心的声音。微风吹拂着过去，送来了未来。海螺诉说着过去的记忆，也承接着对未来的畅想。于螺中听风吟唱，于花园中诉说衷肠。

模型展示

形态生成

▼结构分解

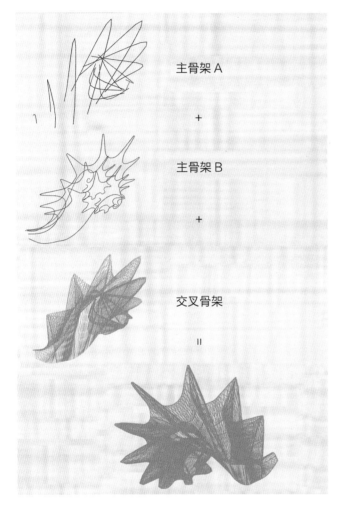

主骨架 A

+

主骨架 B

+

交叉骨架

=

团队对海螺造型进行细致分析，海螺本身的造型就极具韵律感，所以在梳理它的纹理后，提炼出规律起伏的螺旋体、波浪拱架的主龙骨以及次龙骨。同时构思如何运用竹材以体现海螺本身的曲线之美，对造型进一步艺术加工，变换设计思路，赋予模型艺术内涵和造型特色。

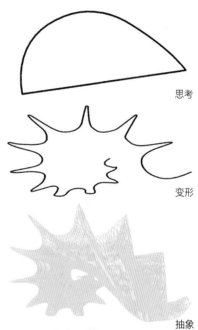

思考

变形

抽象

▼单元结构分解

主骨架 A

主骨架 B

结合骨架

交叉骨架

关于空间

　　"听风吟"是一个极具未来感、神秘感的空间。模型内部像无穷无尽的"风隧道"，海螺因起伏的内腔而有海的吟唱，竹螺因错落的隧道而有自然的呼唤。人们于"竹螺"旁听风吟，让身心出"樊笼"，感风卷云舒，省自我归途，放下世俗纷扰，感受自然与生命的美好。回归本心，不忘初心，宁静致远。

关于材料

　　选用不同尺寸的竹片来构筑模型，以轻柔的竹篾来诠释风的轻盈和海螺的灵动感。利用竹篾编织的塑形张力，以线性材料形成面，再将面变形组合，形成空间。利用竹材的韧性及弹性应力，主要受力构件都是处于弯曲状态的竹片，利用多片竹片叠加弯曲，用麻绳捆扎固定成圆圈或圆弧构成侧面，再通过一定的组合形成围合空间。

关于搭建细节

第一天：在发现材料出现失误后，灵活调整方案，并且在各方的帮助和协调下，运用现有材料自行加工材料，弥补材料方面的失误，努力跟上建造进度。

第二天：搭建主龙骨，固定基础框架并且及时和协助人员沟通修改后的方案，做到齐心协力，有条不紊。同时进行分工合作，多部件同时施工，协调共进。

第三天：搭建固定次龙骨并进行覆面竹片的编织、安装与固定。运用麻绳包裹连接处以对模型进行加固处理。

第四天：根据预定方案布置植物花卉，将竹片、竹棍等边角料以铺地的方式加以运用，修剪与完善节点细节。

关于植物

作品前方种植孔雀草、美女樱、佛甲草、花叶络石等植物，形成以春夏秋为主要观花期的景观。作品后方采用紫穗狼尾草、细叶芒等体量较大的植物。在植物的叶形、叶色、花形、花色等方面构成前后对比的效果，微风过境，更显婀娜多姿。周围植物高低起伏错落，以衬托风的意境之美，添静谧之感，聆听自然之声。闭目凝神，且听风吟，静待花开，未来可期！

问园须知先，余意在洞天

To Find the Future garden be in the Cave Paradise

借自然之力而不突破自然之法

获奖情况：学生组二等奖
设计方：东北林业大学
指导教师：许大为
参赛学生：王志茹 李若楠 冀李琼 曲琛 袁子鸣 苗明瑞 牟善睿 刘嘉鑫
协作单位：成都市林草种苗站
协作人员：庞再敏 王磊

设计构思

道家有三十六洞天、七十二福地。

设计借鉴洞天福地所采用的"壶天仙境"空间营造模式，抽象出"壶口""洞天""壶腔"三部分，结合具有疗愈作用的植物景观营造出"冬暖夏凉，香成灵风"的栖心之地，整体看，既是山中之景，又是景中之山，与周围环境融为一体。表皮采用传统的竹艺编制手法，以三十六洞天为窗，每一洞都自成风景，每一景都有四时轮回，使人们在构筑物内部亦可感受到光线与周围景致的变化，同时能感受到不同方位的微风吹拂，以自然之法调节微气候，营造小环境。

精彩访谈：我们首先解读了"未来花园"这个概念，将未来定位为"对过去的延续"。后疫情时代，如何消灭病毒并学会与病毒相处，成为亟待解决的问题，如何在风景园林领域解决这一问题也引发了我们的思考。通过查阅资料，我们发现过去人们采用洞天福地这种空间营造模式来抵御瘟疫。那么在21世纪，这种营造模式能否在新的技术手段之下发挥功效，并运用到设计之中呢？

模型展示

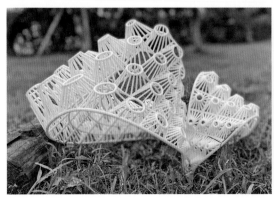

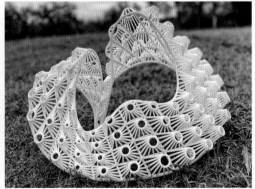

形态生成

▼结构分解

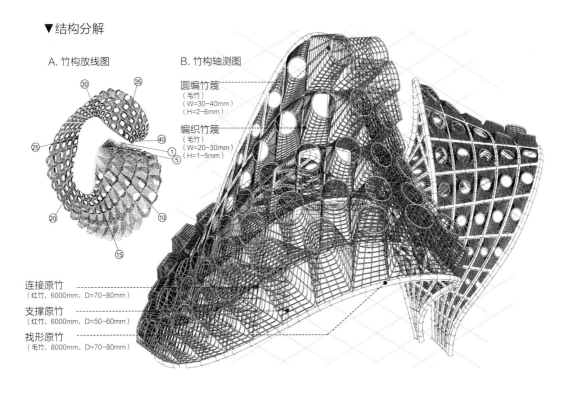

A. 竹构放线图

B. 竹构轴测图

圆编竹篾
（毛竹）
（W=30-40mm）
（H=2-6mm）

编织竹篾
（毛竹）
（W=20-30mm）
（H=1-5mm）

连接原竹
（红竹，6000mm，D=70-80mm）

支撑原竹
（红竹，6000mm，D=50-60mm）

找形原竹
（毛竹，8000mm，D=70-80mm）

▼竹构爆炸图

圆编竹篾构型
表皮边框由竹篾环形编织固
定，形成表皮顶面形状。

纵横竹篾编织
表皮边框由竹篾十字交叉编
织，增加透视效果。表皮与
原竹之间采用竹篾无序编织
固定。

原竹交叉支撑
次龙骨由红竹连接主龙骨并支
撑表皮，原竹之间采用榫接并
用绳捆绑固定。

原竹找形骨架
主龙骨由毛竹找形，原竹之
间采用榫接并用绳捆绑固定。

构筑形态生成
由下到上逐次完成构建步骤。

▼表皮编织图

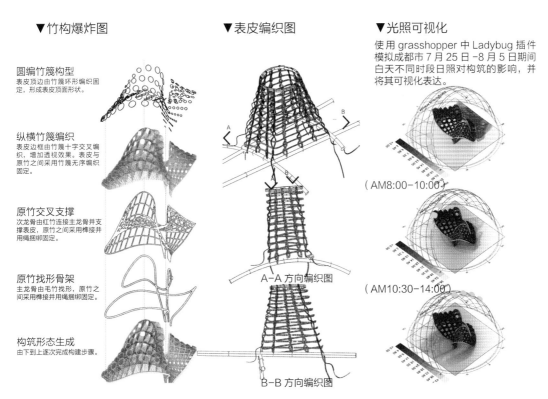

A-A 方向编织图

B-B 方向编织图

▼光照可视化

使用 grasshopper 中 Ladybug 插件
模拟成都市 7 月 25 日 -8 月 5 日期间
白天不同时段日照对构筑的影响，并
将其可视化表达。

（AM8:00-10:00）

（AM10:30-14:00）

关于空间

　　设计借鉴洞天福地所采用的"壶天仙境"空间营造模式，抽象出"壶口""洞天""壶腔"三部分，狭窄幽深的入口空间与豁然开朗的壶中天地形成了空间上的旷奥变化。

关于材料

　　主次龙骨由原竹构成，单体框架由竹片编织，表皮采用竹篾编织。

关于搭建细节

主次龙骨之间采用榫接，表皮采用传统的竹艺编制手法，由数个框形单体构成，表皮边框由竹篾十字交叉编织。

关于植物

以常绿乡土植物为基调，在色调把控上，选择了蓝紫色系，给人以宁静安详之感。结合具有疗愈作用的植物景观营造出"冬暖夏凉，香成灵风"的栖心之地，整体看，既是山中之景，又是景中之山，与周围环境融为一体。

结
Knot

结结缔交，相与为一

获奖情况：学生组三等奖
设计方：清华大学 北京交通大学 北京林业大学
指导教师：宋晔皓 段威
参赛学生：赵书涵 高嘉阳 马迎雪 凌感 陈竹 许嘉艺 林怡静 魏红叶
协作单位：成都市公园城市建设发展研究院
协作人员：陈明坤 李铭

设计构思

作品的灵感来源于三叶结。

结合分子纽结模型，以三叶结的二维平面生成无始无终的三维结构，展现了三维空间无限的可塑性。"结"成为窥探未来的物质媒介，也成为未来城市花园的存在模式。人与人、人与自然，拥有能量的联结、情感的心结、物质的交结。

他们在"结"中相遇，或许会经历离别，但最终又能在"结"中重聚……

模型展示

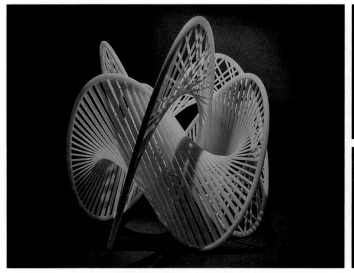

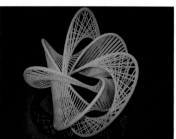

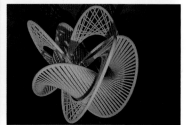

方案生成

▼形态生成

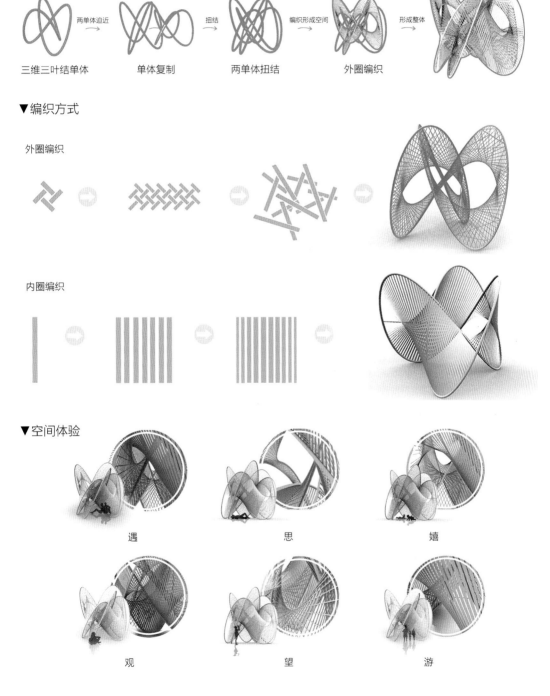

三维三叶结单体　两单体迫近→　单体复制　扭结→　两单体扭结　编织形成空间→　外圈编织　形成整体→

▼编织方式

外圈编织

内圈编织

▼空间体验

遇　　思　　嬉

观　　望　　游

关于空间

　　"结"是一个极具可塑性与空间感的未来花园，有机的分子纽结形态与无始无终的三维结构，共同构建了无限窥探未来的联结、转面与空洞，使得空间内外形成多重互动空间，各个角度都极富观赏情趣。

关于材料

　　在材料的质感上，用不同宽度的竹篾交替编制来诠释这种交结互错的感觉，并尝试利用疏密有致、互相穿插的手法，营造人与人、人与自然的相互交结的氛围，引发人们对于未来花园的无限畅想。

关于搭建细节

在实际施工中，先进行了内外两圈龙骨的搭接，形成完整的结构骨架；然后在内外圈层分别采用四种尺寸的竹片与竹篾，以两种不同的编织手法进行表皮的搭建，强化相互穿插、交结互错的感觉。

第一天：木桩定位，进行龙骨模组的切割与模块化搭接。
第二天：完善龙骨搭接效果，平滑连接点，加固构筑物，使之具有自支撑性。
第三天：进行两种表皮的编织处理。
第四天：完善表皮，花卉植物布置。平滑地面，竹片铺地，修整节点。

关于植物

小组成员结合竹构最终落地的形态，通过不同的植物配置手法，营造了高低错落、色彩丰富的植物景观。竹构入口处以较为低矮、颜色鲜亮的植物作为前景，背景辅以细叶芒、粉黛乱子草等观赏草，营造出轻松自然的氛围；竹构两侧及后方的前景植物以蓝紫色系的开花植物为主，背景以色彩较为厚重的狼尾草为主，烘托出朦胧梦幻的氛围；竹构中心放置颜色鲜亮艳丽的月季，与深沉静谧的背景形成鲜明对比，引发人们对于未来花园的无限畅想，植物与竹构相互映衬，相得益彰。

二象归一

The Intersection of Time

万物负阴而抱阳，冲气以为和。

获奖情况：学生组三等奖
设计方：东南大学
指导教师：成玉宁 周详
参赛学生：李翔宇 朱自航 胡惟一 孙泽仪 杨翔宇 赵鸣琪 蒋欣航 贺琪
协作单位：成都市公园城市园林绿化管护中心
协作人员：汪建平 谭佳坪

设计构思

　　《道德经》有言："道生一，一生二，二生三，三生万物。万物负阴而抱阳，冲气以为和。"从时空观的角度来解读，道即时间。时间连接过去与未来，空间承载自然万物，阴阳相生，万物相合，正是设计方案的哲学立意所在。 作品形体由两个生成逻辑相似的单元相互旋转融合构成，意象来自太极图。

模型展示

空间生成

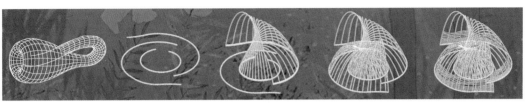

| 空间意象：克莱因瓶 | 围合打造内外关系 | 等差数列产生渐变高度 | "二象"穿插交互 | 合二为一 |

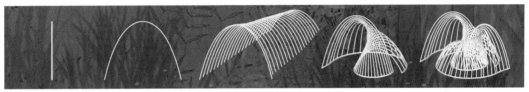

| 材料意象：时间 | 以竹隐喻时间的基本单位 | 连续的拱代表流动的时间 | 过去与未来在此刻交汇 | 交汇的结构象征着时光旋涡 |

立面编织

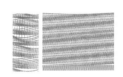

提取传统竹编纹理表现时间流逝

经纬编织法顺应结构整体趋势

形成时间旋涡，二象合一

主体结构及节点

节点类型 1

节点类型 2

节点类型 3

平面意向

垂直结构·阴　　垂直结构·阳　　横向维护·合二为一

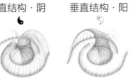

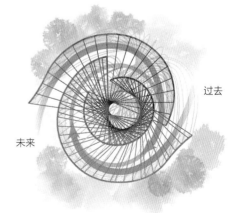

过去

未来

关于编织

通过 1:10 的模型来探讨真实的实体建造，主结构遵循平面的定点连线关系确定位置，依次固定竹拱；斜向的编织作为附加的次结构从横向拉结，加强了单一竹拱的稳定性。

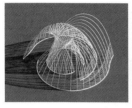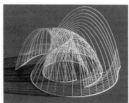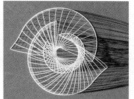

关于空间

相对的两个部分，一方代表过去，向后无限延伸，一方指向未来，向前尽情舒展。互有分野而又交颈相偎，最终汇合到一个共同的中心圆，隐喻此刻。入口遥相对望，无论从哪处进入，都能感受到时间的相对性。道路时宽时窄，人有时需侧身、有时需弯腰，并最终来到意味着静止的、"一"与"全"的中心圆中，静心潜思关于时间和未来的永恒命题。

关于植物搭配

依顺"二象归一"的思路，设有从"回忆""沉浸""探索"到"展望"的时间线。整体搭配以粉黛乱子草的柔软、朦胧为底，点缀明亮的黄色，象征时间长河中星星点点的美好。

汇于星辉

Meet under the Night of Star

疫情时代的新社交模式

获奖情况：学生组三等奖
设计方：重庆交通大学
指导教师：顾韩 赖小红
参赛学生：李想 方萌萌 马一丹 何祖庭 郑婉蕾 刁洁 胡琪琪 刘莹
协作单位：成都动物园
协作人员：谷阳 唐卢林

设计构思

　　"汇于星辉"是对后疫情时代的新社交模式的思考。未来仍在继续，以后的人们也许会面临着相似的考验。在这样的环境下，如何与人们进行社交成了一个问题。团队重新定义公共空间：即使人们之间隔着安全距离，但是却可以通过另外的方式传达彼此的感受。肉体可以有距离，灵魂却沿着轨迹在此时交汇于星辉之中。人们仍有选择的权利，仍有享受幸福快乐的新方式。

　　精彩访谈：本次活动对设计师来说是一个可以充分发挥自己创造力并使自己的设计成为现实的舞台，对公众来说，是一场能带来全新体验、感知和畅想的花园盛宴。

模型展示

结构生成

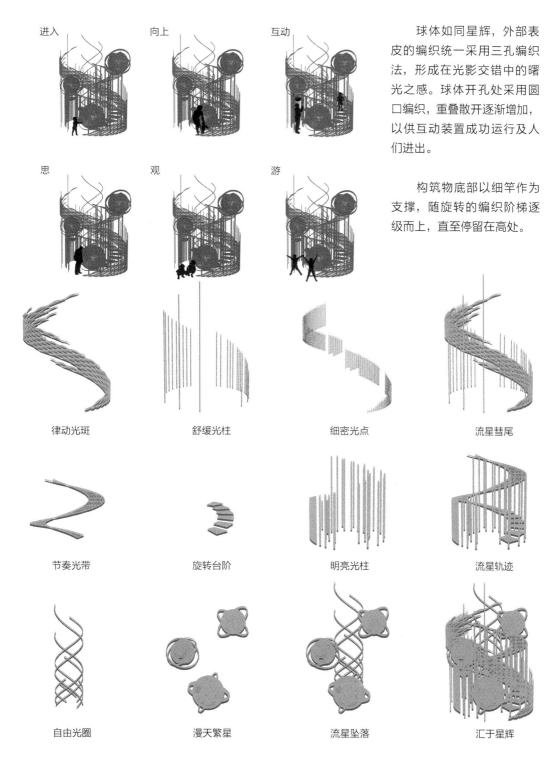

进入　　　　向上　　　　互动

思　　　　观　　　　游

球体如同星辉，外部表皮的编织统一采用三孔编织法，形成在光影交错中的曙光之感。球体开孔处采用圆口编织，重叠散开逐渐增加，以供互动装置成功运行及人们进出。

构筑物底部以细竿作为支撑，随旋转的编织阶梯逐级而上，直至停留在高处。

律动光斑　　　　舒缓光柱　　　　细密光点　　　　流星彗尾

节奏光带　　　　旋转台阶　　　　明亮光柱　　　　流星轨迹

自由光圈　　　　漫天繁星　　　　流星坠落　　　　汇于星辉

关于空间

　　"汇于星辉"是一个极具体验性的后疫情时代未来花园，宛如来自天际的流星，代表了人们对于未来的美好遐想。旋转向上的阶梯象征时空的交替。位于底部的球体交织在地面上，悬于半空的球体交汇在星轨中，身处于球体之中的游憩者互相交流，既保证了安全社交距离，还能保证畅谈无阻。

关于材料

　　在材料上，采用柔软自然的竹篾进行编制，烘托自然的氛围，外部以交叉编织形成表皮，轻盈灵动，织出一片星光。

关于搭建细节

在实际搭建的过程中，首先搭建地基；有了基础的支撑后，再将两条主龙骨固定在基础柱上，形成完整的结构框架；接着编织三个主要球体，以不同尺寸竹篾的错落组合叠加编织，营造出错落斑驳的肌理；最后将球体固定，辅以花材装饰。

第一天：木桩定位后，制作球体骨架。

第二天：固定主龙骨，开始球体编织。

第三天：放置球体，辅以植物。

第四天：花卉植物布置，竹片、松木皮铺地，节点细节修剪。

关于植物

在植物配置方面，采用紫穗狼尾草、天蓝鼠尾草、马鞭草等蓝紫色线性花材作为主要植物，模拟星空的神秘深邃之感，同时点缀各色的地被（矾根等）和点状花材（姬小菊等），辅助模拟斑斓的星辰。

时光迹
The Trace of Time

未来时光 有迹可循

获奖情况：学生组三等奖
设计方：华中科技大学
指导教师：苏畅 戴菲
参赛学生：李姝颖 蔡卓霖 黄子明 方思迷 杨雪媛 赵子健
协作单位：成都市园林绿化工程质量监督站
协作人员：付勇 张海凌

设计构思

　　每次转动竹蜻蜓，思绪都会跟着它盘旋上升时留下的痕迹飞到未来，这便是对于未来最初的勾勒，也是"时光迹"的灵感来源。

　　轻转竹蜻蜓，时空扭曲，形成时间旋涡，草木砂石裹挟，时光迹显现，未来愈加清晰。团队运用不同竹材模拟这个景象：以扭曲原竹模拟扭曲空间，以参差竹篾模拟时间旋涡，以竹篾编织表皮模拟裹挟的能量物质。

　　不同时间，不同人群，面对的是不同的困苦荆棘，但只有亲自探索、亲手转出的才是属于自己的时光迹。

模型展示

形态生成

▼ 结构分解

 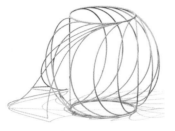 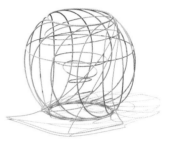

1. 通过支撑结构辅助搭建顶端和底端的圆环

2. 搭建基础结构框架，提升装置稳定性

3. 搭建内部结构，通过麻绳连接固定

 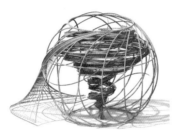 

4. 通过竹篾随机缠绕生成内部主题

5. 装配表皮的基础固定结构，进一步提升装置稳定性

6. 装配表皮，构筑完成

▼ 表皮层次

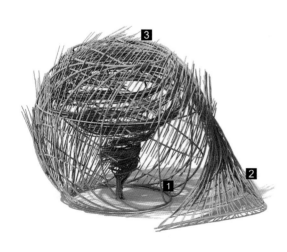

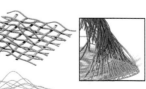

基础层：
2cm×5m 的竹篾十字交叉，编织成网

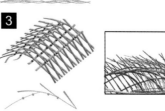

波浪层：
在基础层上由 3cm×1.2m 的竹篾错位穿插、自由挑出进行编织

叠加层：
由 2cm×1.4m 的竹篾错位穿插、露出竹篾两端进行编织

关于空间

　　"时光迹"通过外部骨架、内部结构、表皮编织、植物风貌共同营造了一个动态的空间。

关于材料

　　在材料的质感上，用粗细不同、硬度不同的竹篾来模拟时间旋涡，杂乱中保持秩序，如同人们在迷茫中仍能探寻未来时光的轨迹。

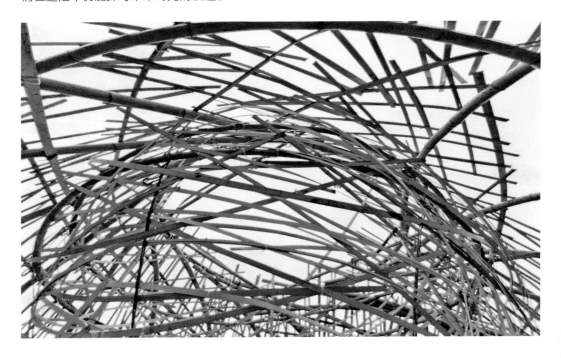

关于搭建细节

在实际制作的过程中，先确定上下两个圆环的位置与高度，再搭建竖向部分主龙骨；有了基础的框架后，再将尺度较大的横向圆环置入其中起固定作用；再将剩余竖向龙骨搭建完成，形成完整的结构框架；之后搭建外侧围合空间；最后用粗细、硬度不同的竹篾编织中心和外表皮。

第一天：木桩定位后，分工进行各个主龙骨模块搭建。

第二天：置入次龙骨，完善主龙骨，搭建外侧围合结构。

第三天：内部时间旋涡和外侧表皮同时编织。

第四天：花卉植物布置，碎石、竹片铺地，节点细节修剪。

关于植物

结合方案设计的整体动势，运用较为粗犷的植物类型，包括佛甲草、粉黛乱子草、蒲苇、紫穗狼尾草、柳叶马鞭草等，烘托迷离、未知的气氛；部分高大的植物从竹构中穿插而过，产生交织的趣味性。植物整体将竹构包裹，风吹过，时间旋涡仿佛开始转动，植物摇曳，仿佛被裹挟，盘旋而上。

视界之外
Beyond the Horizon

黑洞视界外，探索地球与行星的故事

获奖情况：学生组三等奖
设计方：四川大学
指导教师：罗言云 王倩娜
参赛学生：王诗源 何柳燕 谭小昱 庄子薛 谢梦晴 张文萍
协作单位：成都市公园城市园林绿化管护中心
协作人员：汪建平 何瑜

设计构思

　　人类生存面临危险，计划前往黑洞视界探寻新的家园。方案以星环和黑洞为原型：中央的光柱象征黑洞的引力，悬挂的竹编星球代表失重状态。黑洞视界外，人类的思绪遨游于宇宙天地间，惊觉人类的渺小——未来的花园固然是美好的避难所，但逃离是否只能是唯一的选择？身处这个奇幻的未来花园，或许从现在起真正尊重自然、保护地球才是生命的真谛。

　　精彩访谈："未来"是相对所处的这个时刻而言的，一方面它神秘且未知，宇宙万物都可能在未来被重塑；另一方面它其实也会受无数个过去和现在所影响。如今我们身处于后疫情时代，更加深切地关注着人类的未来，思考着人与自然的关系。因此，在我们看来，"公园城市，未来花园"是对可持续、绿色低碳生活方式的倡导——只有从现在起真正尊重自然，保护地球，人类才能展望美好未来，延续传统诗意栖居，拥有美丽花园。

模型展示

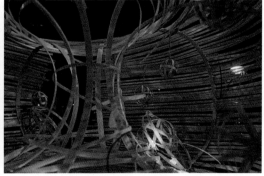

形态生成

▼结构分解

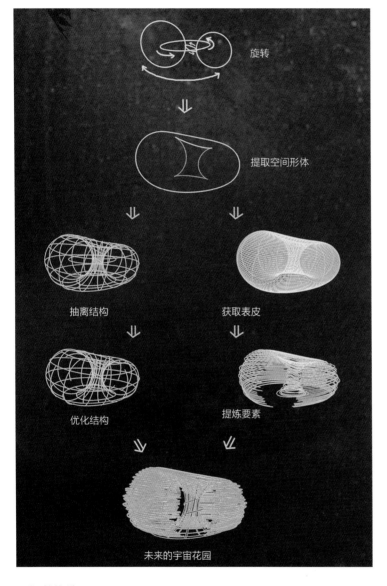

旋转

提取空间形体

抽离结构

获取表皮

优化结构

提炼要素

未来的宇宙花园

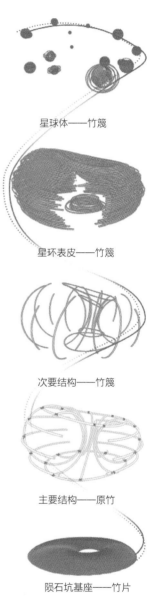

星球体——竹篾

星环表皮——竹篾

次要结构——竹篾

主要结构——原竹

陨石坑基座——竹片

▼细节构造

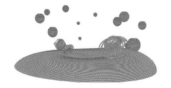

竹编凳

竹编星球

竹编花篮

星球竹编凳

关于空间

　　置身"视界之外"的空间，通过表皮编织营造时光隧道般的穿梭感。四处悬浮的星球增加游览动线，人行其间，可探、可望、可坐、可藏、可出，妙趣横生。

关于材料

　　在材料的使用上，首先采用原竹构成的主、次龙骨作为主骨架，之后用柔韧性强的宽竹篾完成表皮编织，"星球"用钢丝固定形状、细竹篾进行编织。

关于搭建细节

在实际搭建的环节中，先将六根完整的主龙骨与上下两个圆环结合，再将中心的大圆环与所有龙骨固定，然后钉住两根次龙骨与框架结构，形成基本架构。再利用较粗厚的竹篾对"黑洞"旋涡部分进行修饰，最后将细薄的竹篾以随机穿梭的方式编织固定，形成星环结构，引人入星河。

第一天：搭建主体结构，固定主龙骨与次龙骨。
第二天：利用竹片强化主体结构，开始编织主体结构。
第三天：主体结构编织强化，星球花篮与坐凳的编织。
第四天：花卉植物布置，竹片切割搭建铺装，细节修饰。

关于植物

为了营造星河黑洞中的花园的感觉，选取绚烂艳丽的花卉品种，为观赏者打造"星河碎片"般的植物花境。构筑物外围选取向日葵、绣球、鼠尾草、酢浆草等色彩各异的花卉吸引游客；构筑物内部花篮与竹凳的植物多选取精致小巧的花卉。

云栖

Upload Self to Cloud

你愿意让我进入你的意识花园吗？

获奖情况：学生组三等奖
设计方：北京林业大学
指导教师：李雄　林辰松
参赛学生：陈泓宇　钟姝　刘煜彤　顾越天　马源　刘恋　徐安琪　卢紫薇
协作单位：成都市林草种苗站
协作人员：庞再敏　王磊

设计构思

云技术拓展了信息交流的途径。未来，意识的云数据化或将成为现实。

人们对于美好事物的心灵感知，将突破肉体、时空的限制而得以交互，花园也将因诗意的共享获得跨越时空的影响力，"云栖"因此而生。

形态演绎

每个人都是诗意的个体，未来"云"技术的发展，为意识上传、交流共享、衍生更新提供了一个新的栖息场所。以漂浮的云作为原型，以平面的规则矩阵象征个体，通过立面变化表达个体意识的差异，通过交叠、变化的曲面模拟个体意识围绕"云"技术的交互与更新过程，并在真实世界中创造出丰富空间。

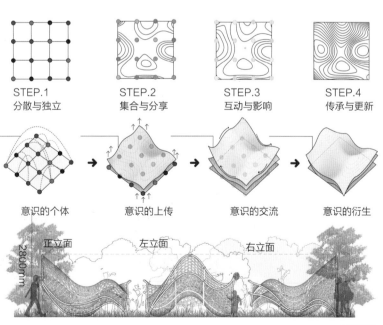

STEP.1 分散与独立　　STEP.2 集合与分享　　STEP.3 互动与影响　　STEP.4 传承与更新

意识的个体　　意识的上传　　意识的交流　　意识的衍生

立面设计

结构设计

▼ 结构分解

为增强"云"概念形态的轻盈和漂浮感，构筑物仅有对角线的两处龙骨接地，并让局部编织表面落地承担支撑作用，实现整体的漂浮感、轻盈感，并兼顾稳定性。

| 上表层

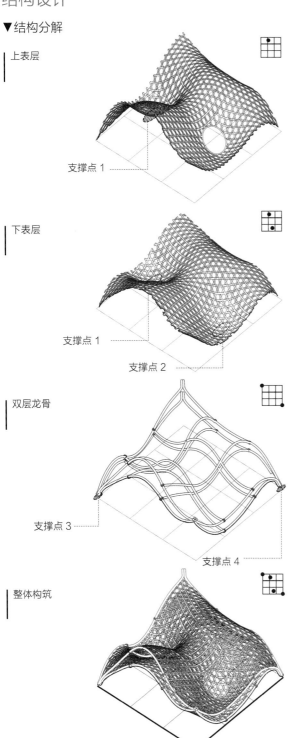

支撑点 1

| 下表层

支撑点 1

支撑点 2

| 双层龙骨

支撑点 3

支撑点 4

| 整体构筑

龙骨交接设计

龙骨交错设计

表面编织设计

编织收边设计

▼ 实体模型

模型照片 1

模型照片 2

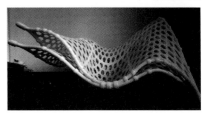

模型照片 3

复层空间

　　复层空间是"云栖"的一大亮点和建造难点。通过双层龙骨与双层编织表皮叠合、交错形成的复层空间，丰富了构筑整体的虚实层次与光影效果，增加了花园的神秘、未来之感。

曲面表皮

　　流动、平滑的曲面表皮是柔滑构筑物的刚性结构，是实现"云栖"轻盈、飘浮感的关键，利用竹篾的材料柔性特点，通过传统编织工艺形成了一层依附于龙骨结构的装饰膜。

建造过程

　　首先，通过网格定位放线，分别完成首层龙骨与二层龙骨的搭建，并将双层龙骨定位固定；其次，在构筑物覆膜阶段，为解决双层龙骨覆膜的施工面不足问题，采用基于龙骨网格的表面分格编织策略；最后，修缮构筑细节、制作配景小品及摆放植物，完成"云栖"花园的建造。

骇浪

Huge Waves

乘风破浪的净化之旅

获奖情况：学生组三等奖
设计方：中国美术学院
指导教师：金涛 沈实现 周俭
参赛学生：翁圣钧 庞芊峰 戴可也 葛顺志 杨婷帆 武文浩 王攀岳
协作单位：成都市人民公园
协作人员：刘永忠 刘家柳

设计构思

　　海浪承载了人们对未来遐想空间的理解，将这一自然物象抽象化，选取海浪的形态作为主要设计元素，通过光影、植物配置和（海螺）声音模拟，营造的空间使人产生联想、感知，达到自我启发的目的。竹构所形成的巨浪唤起感受者对自然的敬畏，人们模拟冲浪的状态，包裹其中犹如进行了一场短暂的净化之旅。

模型展示

形态生成

▼ 结构分解

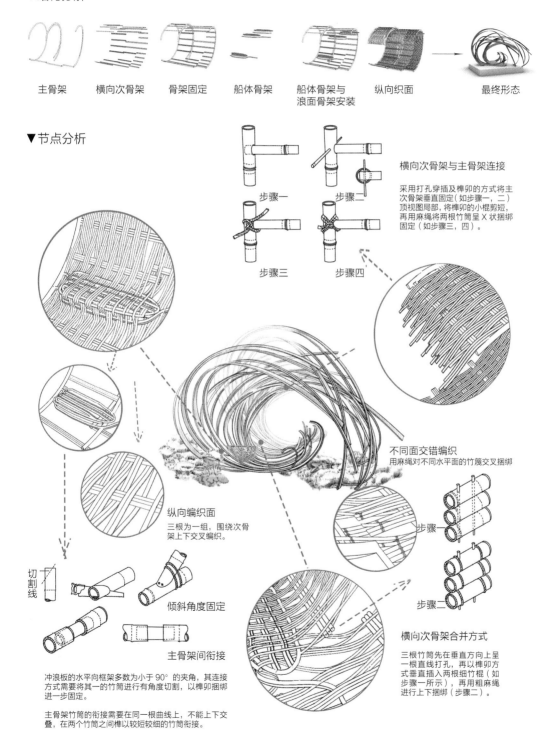

主骨架　　横向次骨架　　骨架固定　　船体骨架　　船体骨架与　　纵向织面　　　最终形态
　　　　　　　　　　　　　　　　　　　　　　　　浪面骨架安装

▼ 节点分析

步骤一　　　步骤二

步骤三　　　步骤四

横向次骨架与主骨架连接

采用打孔穿插及榫卯的方式将主
次骨架垂直固定（如步骤一，二）
顶视图局部，将榫卯的小棍剪短，
再用麻绳将两根竹筒呈 X 状捆绑
固定（如步骤三，四）。

不同面交错编织
用麻绳对不同水平面的竹篾交叉捆绑

步骤一

步骤二

纵向编织面

三根为一组，围绕次骨
架上下交叉编织。

横向次骨架合并方式

三根竹筒先在垂直方向上呈
一根直线上打孔，再以榫卯方
式垂直插入两根细竹棍（如
步骤一所示），再用粗麻绳
进行上下捆绑（步骤二）。

切割线

倾斜角度固定

主骨架间衔接

冲浪板的水平向框架多数为小于 90° 的夹角，其连接
方式需要将其一的竹筒进行有角度切割，以榫卯捆绑
进一步固定。

主骨架竹筒的衔接需要在同一根曲线上，不能上下交
叠，在两个竹筒之间榫以较短较细的竹筒衔接。

关于空间

　　多个有宽窄变化的单元相互编织，乱中有序地交错模拟出海浪席卷的形态，从中产生出各种互动空间。

关于材料

　　花园材料全部取自竹材，充分利用竹篾的韧性，对整个竹构进行编织。

关于搭建细节

利用竹篾的韧性，对整个竹构采用了工整编织和自然垂落两种方式。

几组卷浪自下而上、从有序到无序形成渐变，真实反映了海浪的席卷过程。编织延伸出来的三块冲浪板动中有静，赋予了坐凳和照灯的功能。团队将游人静思的区域设计在竹构之内，上部无序的卷浪能够遮阴避凉。

关于植物

竹构后侧的狼尾草和针茅的造型模拟了海浪卷起的形态，与竹构的形式呼应起来，同时在立面上增加了海浪的厚度。因为这两种植物具有蓬松感，竹构轻柔通透的质感没有受到影响。此外，竹构的底部还铺设了白色的贝壳和海螺，人们可以在这里感受到仿佛海水的冲刷，并在海螺里听到海的声音。

聚离窗

Isologal Window

一个回应后疫情时代的未来花园

获奖情况：学生组三等奖
设计方：西安建筑科技大学
指导教师：武毅 陈义瑭
参赛学生：许保平 罗伍春紫 李卿昊 王育辉 谢欣阳 郭凡 唐凯玥 吕昭希
协作单位：成都市公园城市园林绿化管护中心
协作人员：汪建平 何瑜

设计构思

　　"聚离窗"包括两部分，一是装置底部可移动的底座，支撑整个结构、保证稳定性，也满足未来花园位置可变的趋势；二是装置本身，作为花园主体，带来多种距离关系，即可变的"聚"与"离"。六面都通透的造型让花园的内外在处处都形成巧妙的对望，成为一个可以为对望两人带来 1.8m 安全距离的窗。既是一种保护自己的交流趋势，也寓意现代人类的一种远近飘忽的社交习惯。

模型展示

形态生成

▼结构分解

步骤结构 1

平整土地，清点材料、工具

步骤结构 2

底座及边缘支撑搭建

步骤结构 3

下层主副结构搭建

步骤结构 4

中层主副结构搭建

步骤结构 5

主体结构完成

步骤结构 6

进行表面编织

步骤结构 7

植物摆放和底面白砂石铺设

竹构分为主体与底座两部分，底座承托和联系主体形态，主体通过主龙骨、副龙骨、三角支撑形成整体，主副龙骨均通过三个相同的单体构建，而每个单体又是空间镜像，三角支撑用于联系主副龙骨，从而形成整体。

▼节点分析

锯口夹接并绑扎固定

钉枪固定竹片

波浪编织

插销连接、钉枪固定

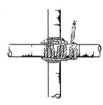

十字绑扎固定

副结构三角固定

▼单元结构分解

9 根 6cm 主龙骨形成主体

18 根 6cm 副龙骨

33 组三角形作为支撑

三者结合形成主体结构单元

235

关于空间

　　"聚离窗"是一个探讨后疫情时代交往空间的竹构花园。六个相同大小的"交往窗"通过一条流畅的曲线连成一体。中间围合出来的空间既与外部保持了防疫要求的安全距离，又营造出人们聊天、聚餐、冥想的场所，空间的内外通过洞口进行视线上的沟通，每一个洞口都有独特的框景效果。

关于材料

　　材料上主要运用了弯曲的圆竹与编织的竹篾，圆竹作为作品的骨架，竹篾用作表皮，一刚一柔，软硬相交，共同演绎流动的形态。

关于搭建细节

实际搭建的过程中，从底座开始逐步向上进行搭建。依次把主龙骨搭建成型、副结构加固，完成主体结构；竹篾以四角孔编方式进行编织，覆盖主体结构表面。

第一天：放线定位后，进行底座、边缘支撑以及下层主副结构搭建。
第二天：中层主副结构搭建，上层结构封顶，主体结构完成。
第三天：进行表面编织。
第四天：花卉植物布置，节点细节修剪，底面白砂石铺设。

关于植物

在花境设计上注重花境与竹构的融合，色彩、层次丰富的花境与轻巧的竹构共同营造自然的氛围。植物的色彩、高度与竹构相配，形成高度和颜色渐变的层次来突出竹构。利用植物进行围合来达到"聚"和"离"的目的。当人从两个入口进入花园，他们即"聚"在花园内部和构筑物四周。竹构外的观赏者总与竹构内休息停留的人保持 1.8m 以上的安全距离，即以一个安全又亲近的距离"隔离"。

融

Fusion

未来的"对立"如钟乳石融合、消解、统一

获奖情况：学生组三等奖
设计方：米兰理工大学 北京建筑大学 北京林业大学
指导教师：李梦一欣 Luca Maria Francesco Fabris
参赛学生：贺怡然 楼颖 李佳妮 牛文茜 刘浩然 韩爽 陈鲁 顾骧
协作单位：成都市植物园
协作人员：刘晓莉 陈刚

设计构思

　　提及"未来"，联想到"对立与矛盾"——高速增长的经济和人口与自然环境资源的矛盾，科技发展与人性考验的冲突，等等。将这些抽象的概念具象化，联想到地下溶洞景观——含溶解的石灰岩的水，将石灰岩转变为方解石，方解石经过长时间的累积，形成垂挂在洞顶的钟乳石。

　　在未来，世上对立的事物犹如颠倒的钟乳石笋，随着时间的推移，通过人们的努力，会在将来一步步地融合，最后得到消解，形成统一。

模型展示

形态生成

在有限的场地空间内确定底面和顶面的主要支撑构架，其交叉点对应在柱的圆心位置，将其上下连接，呈三角形排开，起到稳定支撑的作用，在此基础上，分别在底面和顶面做出形态上的凸起，形成骨架的主要结构。

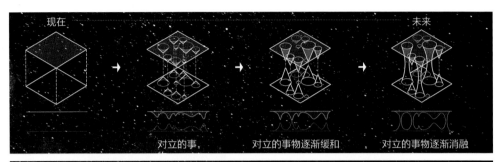

结构分析

1. 在底部与支撑柱的连接点，对底面的圆竹打孔，将支撑的圆竹插入，并进行固定。
2. 立面竹与竹之间的连接采用打孔方式，插入后，用绳加以固定。
3. 表面最后采用轻薄的竹条，附着于结构上，进行随机编织，形成表面肌理。

关于空间

　　花园设有较宽的主要空间, 使人能穿越其中, 不同的柱体高度进一步对空间进行划分, 给人带来不同的空间体验。

　　在花园中, 人们可以进行休憩、交流、玩耍等活动。漫步其中, 花园结构带来的空间变化, 使游人产生不同的空间感知。 时隐时现的视线变化, 使视线时而遮蔽, 时而开阔, 富于趣味。

关于材料

　　在材料的选择上, 结合运用竹子的韧性和刚性, 围合出融合和竖向空间, 韧度柔软的材料建立起坚挺的竖向空间, 形成对比感。顶部选用细致的竹篾进行编制, 营造空间。

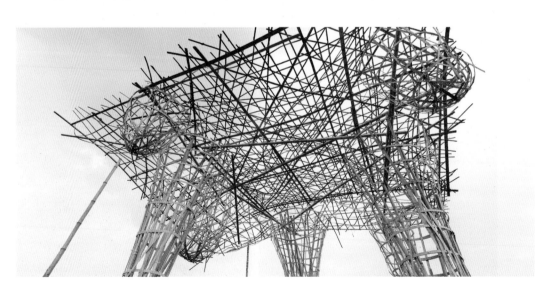

关于搭建细节

在实际搭建的过程中，先把底座搭建起来；有了基础的框架后再将三组龙骨依次搭建完成，形成完整的结构框架；再附上两种尺寸的竹篾；最后竹篾以菱形的方式层叠编织，塑造光影斑驳的体验。

第一天：确定底座位置，分工进行底座编织和部件编织。
第二天：搭建模型龙骨，组装小部件，完成两个体块搭建。
第三天：完成全部体块搭建，全力完善编织，为构筑封顶。
第四天：花卉植物布置，节点细节修剪。

关于植物

在植物方面，使用了细叶芒、细叶针茅、芦苇等颜色淡雅且高低错落的植物作为主要植物材料，丰富景观层次，塑造静谧的感知效果。在此基础上，增加鼠尾草、粉黛乱子草、金叶苔草等颜色较为鲜艳的植物作为装点和指引，进一步增加景观层次的丰富性和园中的趣味性。

复古·未来
Retro Future

过去和未来相互交织的幻境

获奖情况：学生组三等奖
设计方：天津城建大学
指导教师：张永进
参赛学生：黄子豪 周旭 唐旭 刘欣宜 罗慧聪
协作单位：成都市公园城市园林绿化管护中心
协作人员：汪建平 韦令

设计构思

时间是个浑圆。

未来，相对于过去与现在，是个永不会到来的时间概念。跳脱单向前行的时间轴，以"现在"为原点前后双向延伸，连接过去的辉煌与对未来的想象，在同一概念的聚合体之下，时间成为一种循环轮回。该方案通过对环形结构的旋转、偏移、切割生成，给人一种"时空轮回"的感觉。透过这样的"未来"，其实是回到了"相对的过去"。

当今世界被形容为VUCA(乌卡)时代,即volatile（易变）、uncertain（不确定）、complex（复杂）、ambiguous（模糊）。而未来与过去在时空中轮回，是人们面对VUCA（乌卡）时代的一种态度。

模型展示

形态生成

▼结构分解

基于循环的时间观和VUCA（乌卡）时代的结合，以及单一结构复杂化的方法论，着手建立方案。

"形体的每一个扭曲就是每一次未来和过去一次又一次的交汇碰撞，共产生了六个旋转，前五个旋转代表着地球上五大文明的兴起和覆灭，代表着文明的轮回交替，最后一个旋转被截掉了一部分，隐喻现在的未来浮现在表面，过去的未来深埋在地底。"

时间观念的错乱和空间感的丧失加剧，安稳与平和愈发珍贵，人类的迷茫、无助、指责等似乎成为当下无法避开的话题，在循环时间观念下，未来与过去在时空中轮回，珍惜当下，否极泰来，是事物演变的基本规律，同时也是我们面对VUCA（乌卡）时代的态度。

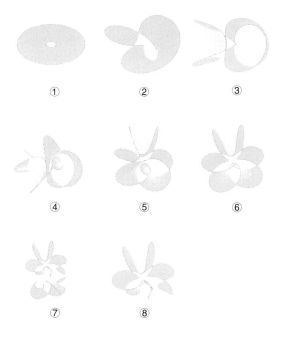

① ② ③
④ ⑤ ⑥
⑦ ⑧

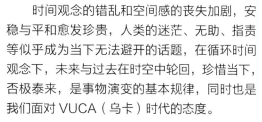

寻求安稳与平和

体会未来与过去的时空轮回

感受未来与过去的碰撞

▼主体结构分解

外部框架　　　　合并外框　　　　内部随机编织　　　　成型

关于空间

　　"复古·未来"具有很强的包容性和观赏性，象征着过去和未来的时间被无序编织的竹篾实体化，形成有机自然的多重螺旋形态，以形成丰富的视觉感受。空间的内外通过螺旋进行连接，螺旋的形态使每一个角度都能形成独特的观赏和被观赏效果，形成内部和外部都可 360° 观赏的景致。

关于材料

　　在材料的选择上，用柔软的竹篾来诠释时间的轮回与碰撞，过去与未来交错叠加，以此展示未来的不确定性，来启发人们在面对未知的未来时，不要忘记身边的大自然。

关于搭建细节

由于构筑物的大部分主体为悬空状态，为了让主体结构更加稳固，将原本设计的单主龙骨结构调整为双主龙骨结构，增强主龙骨和次龙骨的衔接，使龙骨能够承受结构主体的重量。

在主龙骨的连接处，使用了穿插式与包裹捆扎式的手法将龙骨分段连接为一个整体，考虑到龙骨连接处的美观，用麻绳将连接处缠绕包裹。在主龙骨的搭建完成后，用次龙骨确定构筑物的编织面，为后续的编制工作打好基础。

关于植物

在植物配置上，选取兼具柔美与梦幻感的植物，如细叶芒、紫穗狼尾草、针茅、小兔子狼尾草、蒲苇、粉黛乱子草、梭鱼草、鼠尾草、欧石竹、蓝滨麦、无尽夏，从而营造具有亲和力的空间氛围。

向未来许愿

Wish for the Future

每一个今天都曾是期盼已久的未来

获奖情况：学生组三等奖
设计方：浙江农林大学
指导教师：洪泉 王欣
参赛学生：胡雨欣 吴越 乔曼曼 张思琦 章轩铖 吴凡
协作单位：成都市望江楼公园
协作人员：王晓 张学利

设计构思

　　未来充满着各种可能性，使人产生无限的向往和期许，而许愿是一种表达内心希望最直接的方式，通过许愿这一方式来建立此刻与未来的关联。这个创意类似建立一个"时空邮箱"，即许下的每个愿望都被寄放在"时空邮箱"中，成为当下努力奋斗的目标，在预期的时间内将其实现。

模型展示

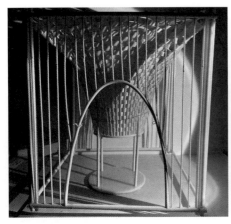

形态生成

▼结构解析

在正方体结构内部空间的划分中，设计团队按照作品的概念对空间需求进行分析。方案概念中许愿的活动，需要一个毫无压力、相对"密闭"安全的空间——四周需要围合感强烈，同时避免过于封闭造成压抑感。内部空间需要体现神秘感和仪式感，烘托与未来对话的氛围感——利用高度使人在许愿过程产生弯腰进入的动作和向天空发送愿望的步骤。

基于此，设计团队设计了一种喇叭形的形态结构。喇叭形的形态能够与"虫洞"的意向很好地结合，同时又带给人足够的安全感。为了使游览过程产生一定的仪式感，将喇叭形结构的高度设定为成人需要弯腰进入的高度。同时，对于进入其中的许愿者来说，由于胸部以上区域处在一个与外界隔离的小空间中，外面的人看不到许愿者的表情，因此许愿者可以不受干扰地许愿。

考虑到结构的稳固性，设计团队用四个弯曲的原竹对结构进行了支撑加固。

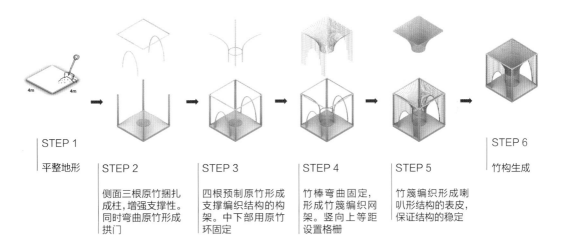

STEP 1	STEP 2	STEP 3	STEP 4	STEP 5	STEP 6
平整地形	侧面三根原竹捆扎成柱，增强支撑性。同时弯曲原竹形成拱门	四根预制原竹形成支撑编织结构的构架。中下部用原竹环固定	竹棒弯曲固定，形成竹篾编织网架。竖向上等距设置格栅	竹篾编织形成喇叭形结构的表皮，保证结构的稳定	竹构生成

▼平立面展示

单位：m。

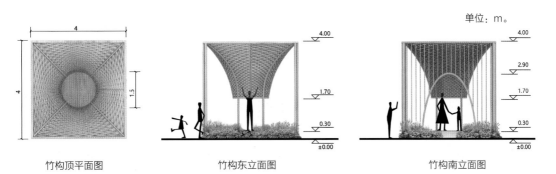

竹构顶平面图　　　　　竹构东立面图　　　　　竹构南立面图

关于空间

　　在空间形态塑造方面，团队更倾向于仪式感的表达和营造，希望创造一个与未来对话的花园。在寻求如何实现与未来对话的答案时，团队借助了"虫洞"这一意象，并将其具象为喇叭形态结构，将愿望带往未来，向天空许下对未来的期许，在今天埋下未来的种子，与未来对话，开启一段时间旅程。

关于搭建细节

搭建过程可以概括为平整场地、竹材加工、框架搭接、构件组合、竹篾编织和植物配置 6 个环节。

平整场地，根据施工图进行场地平整与放线定位；竹材加工，按照施工图对未经过处理的原竹进行标记、切割、钻孔；框架搭接，将处理好的原竹按照工作流程中的侧立面框架、预制弯曲的支撑结构、正立面框架进行组装固定，形成主体框架；构件组合，将预制的弯曲原竹按编号依次固定于主体骨架上，接口处锯出斜口，并使用枪钉进行固定；竹篾编织，使用竹篾一跳一编，从下而上进行，并在合适的高度结束编织。

关于植物

在配色上，通过配置紫穗狼尾草、无尽夏绣球、墨西哥鼠尾草、紫菀、紫叶酢浆草、蓝花草这六类蓝紫色调的夏秋观赏植物来营造主题的未来氛围；采用"冰裂"矾根、细叶芒、"希望"玉簪与"金杯"玉簪这四类绿色调观叶植物作为点缀。在空间上，利用不同植物的株高差异，营造出由外向内株高逐渐递减的围合空间，带给游人更多的安全感。

栖息圈
World Line

自由、神秘、交流、探索，栖息于此刻

获奖情况：学生组三等奖
设计方：广西艺术学院
指导教师：林雪琼 谈博
参赛学生：马奥昕 朱亦菲 郭英子 莫宇彤 刘勇 熊谦楚 付泽同 刘书洋
协作单位：成都市公园城市建设服务中心
协作人员：夏正林 张帝

设计构思

栖息圈——自由、神秘、交流、探索，栖息于此刻。

从电话线到如今的无线信号，就像从曲线到莫比乌斯环，都预示着未来人类的交流会更新奇、更神秘、更自由。无限的莫比乌斯环结构，更让人们向往未来在多维空间内进行的交流与探索。设计团队意在打造出能在有限场所内感受时间、空间交叠变换所带来的神秘与新奇的"栖息圈"，构成具有强烈韵律感的未来花园。

模型展示

形态生成

▼结构分解

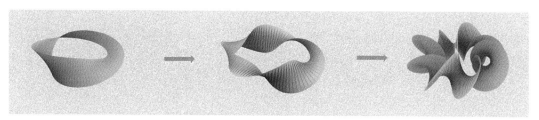

莫比乌斯环   对曲面与流线进行改造推敲   最优的表现造型

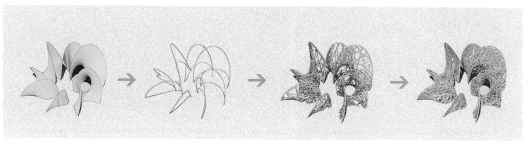

初步概念   构造主龙骨   创建内部搭建结构   构筑结果

▼建造节点

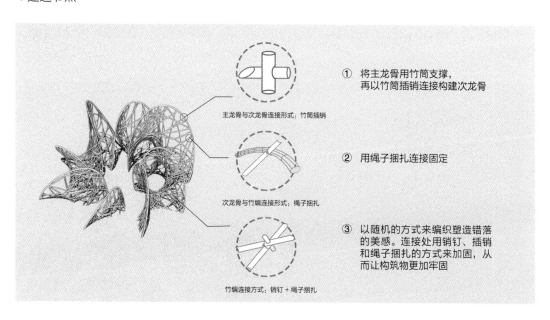

主龙骨与次龙骨连接形式：竹筒插销

次龙骨与竹编连接形式：绳子捆扎

竹编连接方式：销钉 + 绳子捆扎

① 将主龙骨用竹筒支撑，再以竹筒插销连接构建次龙骨

② 用绳子捆扎连接固定

③ 以随机的方式来编织塑造错落的美感。连接处用销钉、插销和绳子捆扎的方式来加固，从而让构筑物更加牢固

关于空间

　　在这时空隧道中自由穿行，每一个节点都能带来不同的体验。穿梭，体验空间韵律变化的新奇，高低不同的景观有独特的风景；栖息，感受时间悄然前进的惬意，透过竹篾感受未来韵律。

关于材料

　　在材料上，通过竹篾与竹片的旋转、延展和衔接形成"循环之路"，意指在未来交流会更加紧密而新奇。

关于搭建细节

因为现场提供的竹材料形态、结构、尺寸等与原设计方案有较大的出入，所以无法按原设计方案施工建造。团队针对现有材料重新调整设计方案，运用竹篾与麻绳形成螺旋状的主龙骨架，把旋转的几何形态改成可互相连接的高、低两种不同的游览路径。

第一、二天：将主龙骨与次龙骨固定位置。
第三天：进行竹篾的交错编织。
第四天：进行花卉的摆放和场地的清理。

关于植物

为呼应构筑物曲面起伏延绵的韵律，选取了饱和度较高、色彩丰富、高度较低的花卉置于入口处，多样的色彩搭配弥补了竹色的朴素单调，若繁星散于星河。同时搭配色彩清新素雅的花叶芦苇，以及云雾感的粉黛乱子草，将其置于构筑物旁，为这未来秘境更添了几分未知与奇妙，旨在营造"未来神秘、不可预知"的效果。

建木图书馆

Jianmu Library

指引未来的知识阶梯

获奖情况：学生组三等奖
设计方：华中农业大学
指导教师：杜雁
参赛学生：夏文莹 杨恒秀 梁芷彤 赵芊芊 易梦妮 陈朋 唐与岑
协作单位：成都市公园城市建设服务中心
协作人员：夏正林 张帝

设计构思

作品设计将古巴蜀神树——建木作为灵感来源，表达了人类沟通天地、探索未知的无限可能性；"图书馆"意味着对历史的保留和对未来的洞见。"建木图书馆"是以有形有限的片段延续出无形无序的趋势，在方寸间展望无限可能的未来。

骨架形态以盘旋向上的姿态模拟建木生长，通过分形理论结合竹篾编织"分形树"表皮，其不断"复制"的特点是规律而有序的，植物空间多用蓝紫色系构建未来氛围感。

模型展示

形态生成

▼结构分解

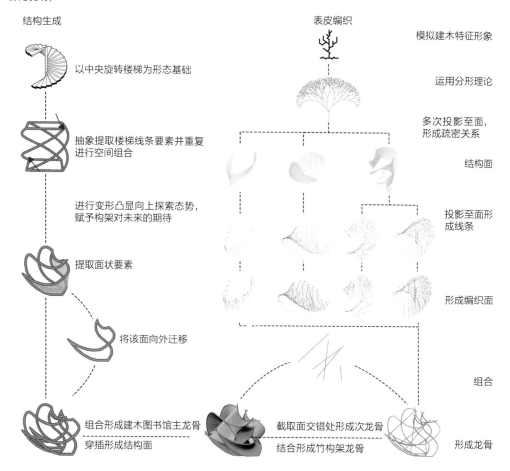

结构生成

以中央旋转楼梯为形态基础

抽象提取楼梯线条要素并重复进行空间组合

进行变形凸显向上探索态势，赋予构架对未来的期待

提取面状要素

将该面向外迁移

组合形成建木图书馆主龙骨
穿插形成结构面

表皮编织

模拟建木特征形象

运用分形理论

多次投影至面，形成疏密关系

结构面

投影至面形成线条

形成编织面

组合

形成龙骨

截取面交错处形成次龙骨
结合形成竹构架龙骨

通过对几何体的扭转与拉伸，营造出宇宙无尽的绵延之感；利用分形原理模拟树枝形态，并将其制成竹构表皮。二者结合形成载着丰盈知识、通往无限未来的空间；与植物相搭配，创造诗意的远方。

▼竹构立面效果

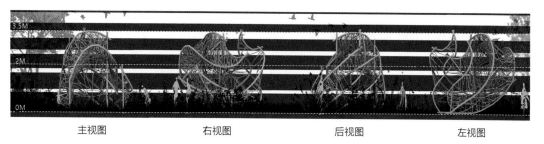

| 主视图 | 右视图 | 后视图 | 左视图 |

关于空间

　　虽花园仅囿于方寸间，但可通过空间的营造来构建步步移、面面观的游览体验。通过主体竹构结合外围竹篱笆及花境，营造前开敞、后幽深的空间结构，丰富感官体验。

关于材料

　　整个花园的材料基本全部取自竹材，包括铺装、竹篱笆等，将竹之特性通过不同方式充分展示，同时利用竹不同生长阶段的形态、特性、肌理实现设计理念。

关于搭建细节

关于植物

　　运用大量佛甲草、矾根等作为铺地材料，与竹筒铺装相得益彰；岷江蓝雪花、天蓝鼠尾草等构成蓝紫色系花境；通过月季等较为高大的植物结合竹构增加花境纵向丰富度。花境整体设计与竹构相辅相成。

生命之花
Flower of Life

生命之花的未来图腾

获奖情况：专业组一等奖
设计方：国际竹藤中心 北京北林地景园林规划设计研究院有限责任公司
　　　　WEi景观设计事务所 四川景度环境设计有限公司
　　　　北京清华同衡规划设计研究院有限公司
参赛者：黄彪 郭麒尔 刘邓 赵爽 熊田慧子 陈拓 黄颖 邵长专
协作单位：成都市望江楼公园
协作人员：王晓 耿建兵

设计构思

　　未来，物质爆炸，而精神稀缺。古埃及神秘学的精神核心，是一个无所不包的几何符号：生命之花（Flower of Life）。它是宇宙万物的原始语言，思想、音乐、数学等都来自这个图腾。

　　以竹拟花，构建绿色基础设施，疗愈地球和人类。未来，生命之花出现的地方，生命就会出现。

　　在未来，动态的、可变化的构筑物是可以和人及自然界发生关系的，这样的构筑物并非静止的，而是有温度、有趣、有生命力的。

模型展示

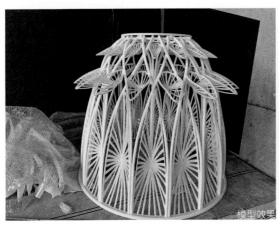
模型效果

渲染效果

形态生成

▼结构分解

通过竹伞模拟实验，验证了作品的可行性和互动性。借由竹子自身的韧性，可支撑一把"生命之花"整个使用周期的开合。制成一把伞需经过削伞骨、制伞架、伞骨钻孔、伞骨穿线伞头开合测试、做竹跳子等工序。以古老手艺，打造科学、耐久的动态竹构，致敬非遗传承。

"生命之花"不仅形似花，也代表万物生长的周期：在结构上，通过完成竹、鞭、茎、叶、蕊的周期，寓意生命循环往复的万物法则，同时结合耐久和抗腐蚀性处理，科学建构竹构作品。

| 竹 | 黄金螺线 | 花 | 生命之花 | 竹 | 生长 | 花 | 油纸伞 | 生命之花 |

▼单元结构分解

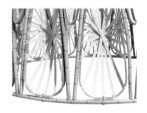   

生命之花——鞭结构　　　生命之花——茎结构　　　生命之花—叶结构　　　生命之花——花结构

鞭结构——采用直径6cm的红竹，拼接缠绕成竹环，成为生命之花的基础（鞭）；茎结构（一级结构）——采用32根直径5cm、长约6m的红竹，弧形旋转向上"生长"；叶结构——用麻绳将支撑叶面开启的竹竿与竹片绑接，并采用菊编手法，使之与叶面其他竹片编织在一起；花结构——油纸伞由伞杆、伞骨、伞面三部分组成，其中伞杆是伞的主体，伞骨能撑开和收拢。通过对油纸伞结构的研究，借鉴其开合原理，使中间两层叶片可向外开启，让"生命之花"绽放。

下部伞托抬升，上展叶片开启　　　　上部伞托抬升，下展叶片开启　　　　上下伞托抬升，双展叶片开启

关于空间

　　竹子是很好的建造材料，在这样的空间中，造型和空间组合复杂美观，同时也可以把艺术化的装置模块化。希望这个"生命之花"可以绽放在世界的每一个角落：在荒漠里可能变成一个帐篷，在冰川里可能变成一个庇护所，在战争里可能变成医疗点。它非常稳固，能为人所用，可以成为生活环境、工作环境、避难环境等。这样的环境空间才满足大众更长久、更安全的使用，更富有参与性、趣味性。

关于材料和结构

　　竹子是非常朴素的材料，它绿色、低碳、环保、可塑性强。木材资源目前是短缺的，但竹资源是可以不断去充分使用的。艺术和绿色的结合可以让竹材在未来更多地被人接触到。

　　运用不同规格的原竹构建"生命之花"的主骨架、地圈梁、顶圈梁、中央立柱和中央支撑杆，运用不同规格的竹篾构建叶片边框、顶盖、菊编编织和地面装饰。

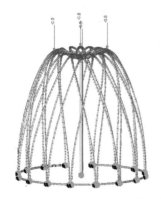

关于搭建细节

暴雨、大风等恶劣天气为搭建带来巨大的挑战。但各队员在搭建过程中不畏泥泞，风雨同舟，展现出了团结协作、互帮互助的精神，克服了诸多困难，使得"生命之花"在风雨的洗礼下显得更加闪耀和珍贵。

第一天：平整场地，在地面将立柱两两合并在一起，并将竹棒打入土中作为基础。

第二天：基本完成主体结构。竹子与竹子的连接采用金属螺杆，上部和圈梁的联系采用麻绳绑扎。生命之花高度接近 4m，上部结构全部需要到钢平台上面去操作。

第三天：主要安装花瓣开合的动态装置，选择使用绳子来实现。绳子的拉力通过传动装置传输到叶片，体验者通过拉绳子即可实现叶片开合。

第四天：选取时令花材摆放和布置，并用边角料制作走廊和大门。

关于植物

在结构上完成了竹编茎、叶、蕊的一个周期，在植物构造上与它呼应，采用了宿根花卉与时令花卉结合的方式，由内到外旋转式的关系，就像是一朵盛开的花，错落配置，强化了空间感。采用蓝色和紫色的植物配置，更有未来感，更像宇宙中绽放的生命之花。

时之域
Time Scope

竹制时空穿梭站

获奖情况：专业组二等奖
设计方：中国城市规划设计研究院
参赛人员：王兆辰 李爽 刘睿锐 孙明峰 王乐君 许卫国 徐阳 赵恺
协作单位：成都市文化公园
协作人员：郭庆 董德琴

设计构思

时间的褶皱使空间也突破了原本的三维属性，弯曲甚至扭曲空间变得更加容易实现，原本遥远的距离可以通过折叠空间而瞬间拉近。当两个空间叠合到一起，它们被彼此巨大的引力击穿，形成了细小的连接通道即"竹虫洞"，使物质的"超时空交换"形成可能。

模型展示

形态生成

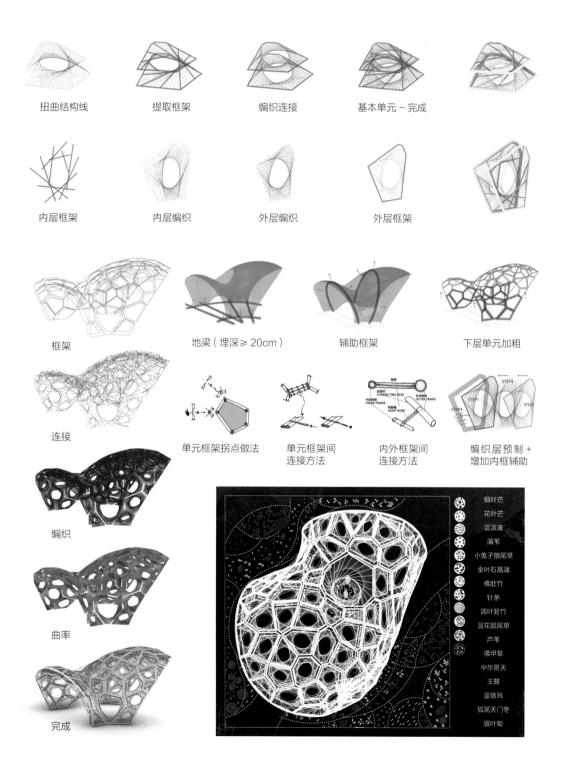

扭曲结构线　　　　提取框架　　　　编织连接　　　　基本单元 – 完成

内层框架　　　　内层编织　　　　外层编织　　　　外层框架

框架　　　　地梁（埋深≥20cm）　　　辅助框架　　　　下层单元加粗

连接　　　　单元框架拐点做法　　单元框架间　　　内外框架间　　　编织层预制 +
　　　　　　　　　　　　　　　连接方法　　　　连接方法　　　　增加内框辅助

编织

曲率

完成

	细叶芒
	花叶芒
	蓝滨麦
	蒲苇
	小兔子狼尾草
	金叶石菖蒲
	佛肚竹
	针茅
	阔叶箬竹
	蓝花鼠尾草
	芦苇
	佛甲草
	中华景天
	玉簪
	蓝猪耳
	狐尾天门冬
	银叶菊

关于空间

　　竹构主体设计了两个入口，通透的空间在从中央延伸出来的洞口处汇聚。不同大小、角度的表皮洞口，形成了内外不同的观感体验。

关于搭建过程

　　实际建造中，在原有方案的基础上，用两个放线的主梁和地梁形成了稳定的框架，保障了作品整体形态的还原度，同时，以两个层次的主框架实现了表皮单元的划分，通过竹材规格的区分，强化了双层表皮的层次感，经过多次优化调整，最终实现了作品的完整呈现。

关于细节、植物

　　植物材料和气球配饰实现了"时之域"的第一次"时空交互"。表皮单元的框景和气球的反射，丰富了不同角度、不同维度的观赏体验。

花间舞

Enjoy the Garden

白云堆里捡青槐，惯入深林鸟不猜
无意带将花数朵，竟挑蝴蝶下山来

获奖情况：专业组二等奖
设计方：四川云岭建筑设计有限公司
参赛者：范伟 刘虹敏 范飞翔 周子婷 周甜 陶兴强 周先扬 黄琴
协作单位：成都市花木技术服务中心
协作人员：张彤 李斌

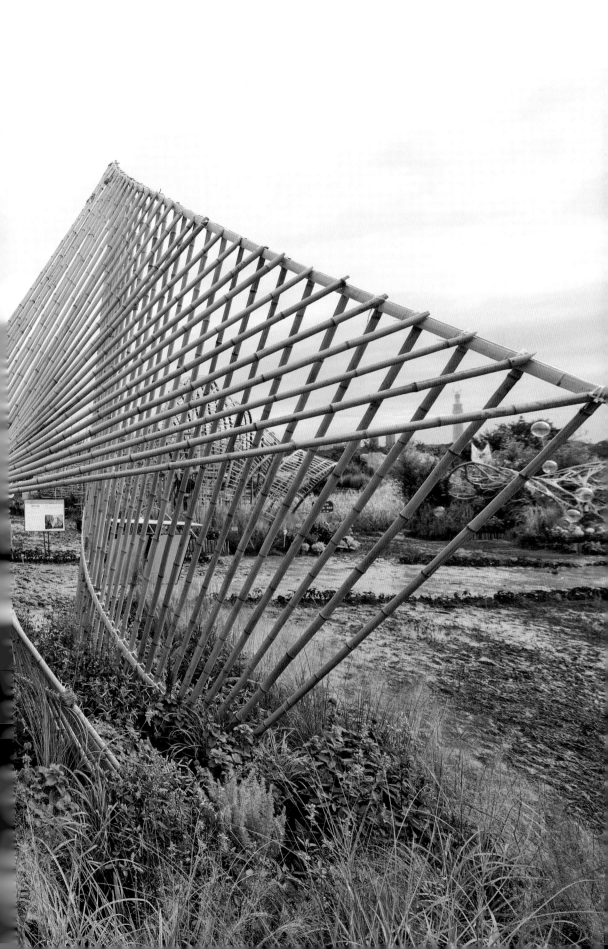

设计构思

　　白云堆里捡青槐，惯入深林鸟不猜。无意带将花数朵，竟挑蝴蝶下山来。

　　　　　——朱景素《樵夫词》

　　未来的花园，一方面应具有时代感的技术特征，另一方面也应具有人文性的场景特质。作品为未来的花园引来一只文化的蝴蝶，承载着成都公园景观的历史记忆，蝴蝶的身形变化也让来访者随着空间的变化不断起、仰、蹲、探，好似舞者，俯仰间格物致知，园游成趣，让快节奏的时间变得缓慢，让来访者更能感受到自我与自然的关系。未来不是未有，而是更加真实。

模型展示

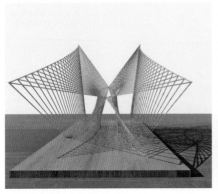

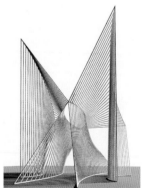

形态生成

▼结构分解

蝴蝶——生态

蝴蝶——平面

整体形态以舞蝶身形为基础，通过平面及立体空间的结合，形成独特的花园空间构型；将蝴蝶文化意向与花园充分融合，形成蝶恋花的文化意向，同时也是公园城市场景营造的理想表达方式。

蝴蝶——意向

蝴蝶——界定

舞韵

蝴蝶——形态

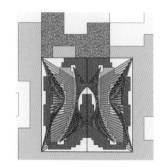

蝴蝶——场所

舞姿

体验

▼单元结构分解

基线

骨架

韵律

流动

关于空间

　　通过开合、高低不同的场景感受，结合植物的设置，游客可远观戏蝶花间舞，进入场地后，游客在有限的空间内，感受花境变化万千，人、文、景相映成趣，和谐统一。

关于材料

　　采用直径 2~3cm 的原竹，通过空间立体控制线形成空间界面，通过竹篾绑扎形成阵列化的截面形式。

关于搭建细节

搭建过程严格遵循设计逻辑，在有限的场地内，进行基线放线，形成基础形态逻辑；在此基础上，对骨架基线进行空间定位，形成基础形态，进而对毛竹进行韵律排列，形成空间围合形态。

第一天：基础放线，底层空间结构搭建。
第二天：空间骨架定位，搭建上层空间结构。
第三天：项目主体毛竹排列，形成空间界面，利用余料布置泥泞场地。
第四天：花卉植物布置，场地细节补充调整。

关于植物

通过竹墙及植物形成"M"形流线路径，为营造"花间舞"的文化意象，整体以花卉植物为主，色彩上通过粉红色向蓝色花色过渡，在视觉上形成焦点，通过粉黛乱子草形成较大规模的色彩铺垫，再用蓝鸟鼠尾草、玉簪、细叶芒等植物形成近景体验型花境，使游客在体验舞动空间的同时，也能体验到植物丰富的色彩及形态的组合，俯仰之间形成"花间舞"的文化体验。

流浪胶囊
Surviving Shelter

如果当草木蔓发，
燕语莺声的花园成为奢侈，
这也许是人类对花园的最后幻想……

获奖情况：专业组二等奖
设计方：北京清华同衡规划设计研究院有限公司
参赛人员：闫少宁 杨子媛 陈卫刚 齐祥程
协作单位：成都市林草种苗站
协作人员：庞再敏 王磊

设计构思

作品构思源于对未来世界的环境想象：

未来的地球资源终将耗尽，动植物资源在自然环境中相继枯竭。世界上缺少了以往漫山遍野的郁郁葱葱，生命也缺少了活力。人类如同被抛弃在无依无靠的荒诞世界中，生命变得缥缈无垠，越来越多的植物被人类放进保护容器中，"流浪胶囊"成了人类唯一近距离接触自然、寻求心灵安慰的庇护所。走进内部，坚硬的外壳将人类保护起来，人类在内部可以倾听自然的声音，仰望宇宙。

这是一种与自然的能量互换，也是一次给自己的心灵净化。如果当草木蔓发、燕语莺声的花园成为奢侈，这也许是人类对花园的最后幻想……

> 精彩访谈：我们希望做一个小构筑物，这个构筑物会在未来成为地球上的人类唯一近距离接触"自然"、寻求心灵安慰的庇护所，也警示人们面对自然的给予要有感恩和敬畏之心。北林国际花园建造节已经走出了象牙塔，走向了大众，走向了市民。

模型展示

形态生成

▼ 结构分解

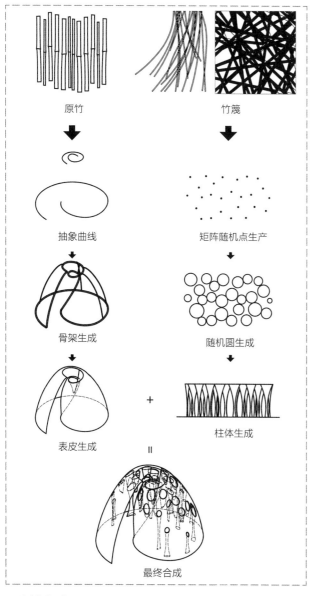

参赛作品的主体为一个蜗形竹构筑，依据"结构表皮一体化"的思路，主干结构协同受力构建基本骨架，表面的竹片和竹篾通过不规则编织形成大小不一的孔洞。一方面增加结构的整体性与稳定性，另一方面为内部空间提供丰富的光影变化。

在推敲内筒细节的过程中，团队运用参数化设计的手段，模拟不同视觉角度作为吸引点来确定内筒孔洞的尺寸、开口大小和开口角度。

▼ 连接方式

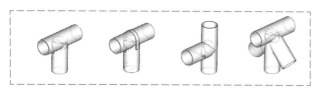

▼ 结构细节

关于空间

　　构筑物充分利用场地空间，入口处狭小，进入后空间逐渐变大，表皮折回形成的孔洞给游人以独特的体验和无尽的遐想。

　　利用孔洞借场地内外之景，两处孔洞分别框景出"咱的花园"和"邻居家"。

关于材料

　　主体结构由 14 根主龙骨与 20 根次龙骨组成。主龙骨采用 5cm 直径原竹，保证主体框架坚固而稳定，次龙骨采用 3cm 直径原竹与主龙骨协同受力，原竹之间利用螺丝和麻绳辅助固定。在搭建好基础龙骨框架之后，利用 1~5cm 宽度的竹片和竹篾，以随机叠加的方式编织双层外表皮。

关于搭建细节

在实际搭建的过程中，团队进行场地平整，利用现场木桩和木屑放线定位。先搭建内圈龙骨，根据现场情况搭建外圈龙骨，动态调整内外主体结构；主体结构搭建完成后，进行竹篾表皮编织。在编织过程中，动态调度调整表皮纹理，根据主要视觉焦点确定孔洞位置和尺寸。最后进行铺地、植物花卉和内部空间的景观小品布置。

第一天：场地平整，放线定位，主体结构搭建。
第二天：完善龙骨框架，竹篾表皮编织。
第三天：表皮编织及细节调整。
第四天：植物布置，铺地及小品布置。

关于植物

在构筑物外围，主要选用花叶芒、斑叶芒、细叶芒等观赏草，在构筑物外围营造荒凉的意境。构筑物内部利用佛甲草搭配荚果蕨，蕨类植物作为世界上最早的陆生植物之一，意在表达地球初始的生机。而植物设计中的点睛之笔在于选用一组超级向日葵，将其作为一个孔洞中的框景，是设计主题中保护容器内的植物，与荒凉的氛围形成强烈的反差。

回归伊甸园

Return to the Garden of Eden

关在这里，将花园唤醒

获奖情况：专业组三等奖

设计方：渭南师范学院 西北农林科技大学 沈阳农业大学
　　　　北京市花木有限公司西安分公司

参赛人员：孙丹丹 刘杨 陈妍 翟尚

协作单位：成都市公园城市建设服务中心

协作人员：夏正林 张帝

设计构思

这是我一生中干过的最有趣的事情了——关在这里，将花园唤醒。

——伯内特

方案概念源于美国文学作家伯内特的经典作品《秘密花园》，其描写了伊甸园的"失落—追寻—回归"历程，"种子"作为希望的象征，是人类重新回到人与自然和谐相处的生态系统的强大精神力量。

从整体生态主义出发，提出未来花园的目标，是原真的生态花园，是把一个花园轻轻地放在自然里，在这里营造一处万物生长的未来世界。

模型展示

形态生成

▼ 结构分解

"种子"作为"希望"的象征，是人类重新回到人与自然和谐相处的生态系统的强大精神力量。团队通过参数化的手段将种子的生长与对伊甸园的向往意象化为生机与庇护，通过空间关系实现。将管件相互穿插连接，并配以野趣花园的自然气息。

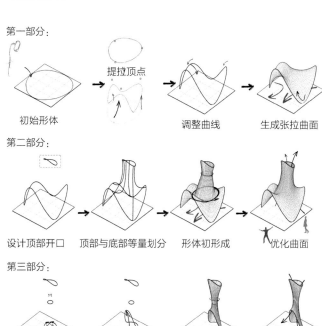

第一部分：

初始形体　　提拉顶点　　调整曲线　　生成张拉曲面

第二部分：

设计顶部开口　顶部与底部等量划分　形体初形成　优化曲面

第三部分：

顶部开口范围界定　顶部抬升变形　形态初步形成　优化曲面

第四部分：

壳体优化

壳体曲率分析

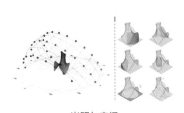

光照与空间

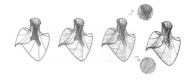

表皮编织

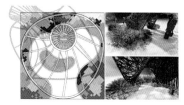

花境配置

▼ 单元结构分解

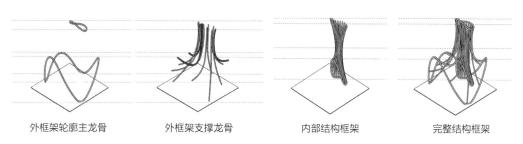

外框架轮廓主龙骨　　外框架支撑龙骨　　内部结构框架　　完整结构框架

关于空间

　　"伊甸园"是人与自然和谐统一的乐园，团队希望的花园空间是一个从人与自然关系出发，形成健康与快乐并存的最佳庇护场所，向下的展开与向上的引导，体现自然对人的庇护与人对自然的思考。

关于材料

　　在材料的质感上，采用竹片与竹篾结合，希望利用柔软与刚硬展现将对抗逐渐包容的未来世界。

关于搭建细节

在实际制作的过程中，先把主龙骨搭建起来；有了基础的框架后，再将次龙骨依次连接，形成完整的结构框架；最后附上竹篾。

第一天：木桩定位后，分工进行各个主龙骨模块搭建。
第二天：完善次龙骨，关键模块封顶。
第三天：单元之间的连接梁搭接完毕，全力完善编织。
第四天：花卉植物布置，竹筒铺地，节点细节修剪。

关于植物

花境设计采用自然化种植手法，创建一处融入大自然的野生花园；平面上，花园和构筑物有机结合，相互衬托，划分空间；植物选择上多使用观赏草，打造一处供游人观赏和休憩的"伊甸园"。

阡陌弦境

Staggered Liner Space

竹弦为境的未来花园与多维空间

获奖情况：专业组三等奖

设计方：四川大学工程设计研究院有限公司

参赛学生：李恒 杨洁 庞金剑 毛文韬 钟瑞霖 张敏 周旺 李莹

协作单位：成都市百花潭公园

协作人员：谢宗良 罗畅

设计构思

在我们这个"可见的世界"之外，还存在着"其他的世界"，或许那里的我们正在以另一个样子生活。作品试图以几何体的形式来呈现不同时空的对话，以此探索另一个世界，她如同一个边界模糊的巨大梦境，人们蛰伏其间，向后是过去，向前是未来，自然也在这里缓慢生长，穿过时间的缝隙，试着窥探宇宙的奥秘。以自然之名，描绘时空，在未来花园，体验时空旅行，感受自然力量。

> 精彩访谈：构思主题——阡陌弦境，它是对微观宇宙的一种概括，利用竹子即一维的弦，拼接之后形成二维的面，再形成三维的空间，三维空间之间的穿插又象征着四维甚至更高维度的空间的生成，体现未来的花园对时空和生命本质的探索。

模型展示

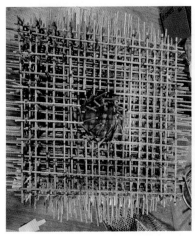

形态生成

　　竹构花园由内、外两个部分组成。内部为外旋和内旋组成的类似核心筒的结构，作为整体造型的支撑。外部为纵横交错的竹竿，多层长短不一的形式构成外部的球体形态。

▼结构分解

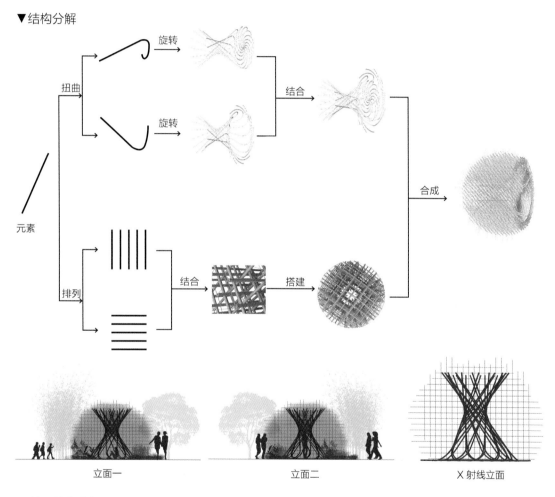

| 立面一 | 立面二 | X射线立面 |

▼单元结构分解

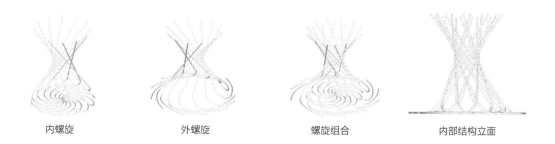

| 内螺旋 | 外螺旋 | 螺旋组合 | 内部结构立面 |

关于空间

　　功能与空间紧密联系。通过内外两个部分的结合，强化此次设计主题对参与性的思考。竹构花园被赋予四个主要功能，即远观、探索、仰望、畅想，分别代表体验花园的四个时段和所对应的位置。

关于材料

　　竹构花园使用的主要材料同样分为两个部分。内部是通直和底部弯曲的竹竿，呈螺旋搭接，直径为 6~7cm；外部是长短不一的通长竹竿，直径为 3~4cm。

关于搭建细节

按照内外结构特征，将搭建流程和细节分为三个步骤：

首先，内部需要搭建螺旋支撑筒体，于竹竿交接处固定，通过平面位置确定旋转角度，固定四个角点后完成其余部分。其次，外部球体结构则先明确竖向直杆，再从下往上按照表皮曲度进行搭接，与立杆绑扎固定。最后，将所有外表皮穿插完成，进行竖向和外观的细节调整，保证外部球体的整体性。

关于植物

植物设计上，选取花叶芒、紫穗狼尾草、缝线麻、梭鱼草、佛甲草等，以观叶和观赏草等暖色系植物为主，搭配少量冷色系花卉，空间上部种植凌霄花攀缘于主构架上，展示垂直绿化，整体扣合主题，体现由荒野走向新生、由过去走向未来的空间氛围。

偶雨将歇

It Rains, but will End.

偶有阵雨，但终会停歇

获奖情况：专业组三等奖
设计方：青岛市城市规划设计研究院
参赛人员：张雨生 孔静雯 王升歌 孟颖斌 刘珊珊 郝翔 万铭
协作单位：成都市公园城市园林绿化管护中心
协作人员：汪建平 吴冬

设计构思

　　未来如自然天气般充满着变化与挑战，但人类能从逆境中寻求发展，与自然和谐共生。

　　效法自然，借自然之力，旨在营造可智能应对天气变化，可观雨、集雨、避雨的未来花园。

> 　　精彩访谈："公园城市"是当下践行新发展理念，探索合理保护和利用生态本底，实现人与自然和谐共生的可持续发展途径；"未来花园"则是预测科技发展和人类社会进步的可能性，畅想未来文明社会中人们对自然花园的期许。

模型展示

设计结构与运作分析

　　雨天，雨水通过助滑道中的麻绳汇集至竹筒 2 中，待重量大于竹筒 1，麻绳牵引竹盖实现在两侧滑道卡槽间的运动，构筑物形成顶部避雨空间。雨渐停，竹筒 2 中的雨水通过底部小孔流尽，重量小于竹筒 1，装置复原，阳光从顶部洒下。

▼结构分解

主要结构

辅助结构

竹篾表皮

滑动装置

▼运作分析

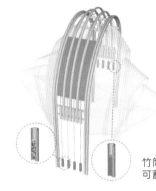

竹筒 1 装有石块，竹筒 2 可蓄水

晴天，竹筒 1 自重大于竹筒 2

小雨：竹筒蓄水，竹盖上滑

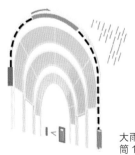

大雨：竹筒 2 自重大于竹筒 1，竹盖到顶

关于搭建细节

一是与竹材加工单位的沟通存在问题，导致现场搭建材料严重不符合设计要求。现场联系主办方和竹材加工单位现场负责人，通过反复的沟通和讨论，最终决定调整方案，舍掉滑动装置和部分辅助构件，确保作品主体的完成度。

二是建造的三天半时间断断续续一直在下雨，建造基地处于湿地公园低洼处，积水、断电给建造带来了极大困难。团队一方面调整优化设计方案，简化现场加工工艺；另一方面起早摸黑，加长建造时间，按时完成了作品建造。

建造作品主体结构基本完成，结构稳固，具有一定的观赏度，但遗憾的是体现作品创新的精华部分——顶盖滑动装置没有实现。

现场调整优化

简化方案后，利用多余的竹材对场地外围的景观进行了丰富：将长直的竹材劈开作为竹构下方的园路；将回弹较大无法使用的竹材作为弧形的篱笆；将原设计中的两侧竹筒适当增加，风吹竹筒，可以发出清脆的声响，尽可能对作品进行完善与提升。

关于植物

作品处于以观赏草为主的空间中，凸显亲近自然、野趣舒适的特点。选用狼尾草为主干植物，大面积栽植于构筑物四周，形成绿面；主入口两侧成团点缀高度为 0.6m 的粉黛乱子草及一、二年生花卉，作为万绿丛中的亮点，同时也起到标识入口的作用；铺地交界处孤植几丛高 1.5m 的斑叶芒形成点景，使空间更具趣味。

花园公交站：翩翩起舞的蝴蝶

Garden Bus Station-Fluttering Butterflies

为城市空间增添更多可能性

获奖情况：专业组三等奖
设计方：长沙本源建筑设计有限公司
设计主创：刘俊
团队成员：王兵 周灿
协作单位：成都市公园城市园林绿化管护中心
协作人员：汪建平

草木绿
花儿笑

设计构思

花园在人们的印象中是什么？仅仅是一个休闲景观空间吗？

相对于已有的花园印象，设计团队希望给予未来的花园更多的定义，目的不是拥有一个花园，而是要参与其中，让其充分融入生活。设计团队对于未来花园的愿景，便是让它化身为城市公共空间的一部分，为城市空间带来更多的可能性。

设计团队联想到了生活在城市中的大多数人经常会使用到的交通工具——未来的花园成为一个翩翩起舞的公交站会怎么样呢？为快节奏的城市生活带来一道亮丽的风景线，应该也不错吧！

模型展示

形态生成

竹子的可弯曲特性，让设计团队产生了设计双生结构形态的想法。在正方形的限制下，通过对一个矩形进行变形，形成三维弯曲的独立个体。两者犹如阴阳两极般的交错方式，彼此互相支撑，弯曲向上，体现出的轻盈感是设计团队想要传达的空间情感。犹如一只翩翩起舞的蝴蝶矗立于这城市空间内，结构体系、景观体系均由这些不同尺度的竹子构筑。顶部的藤蔓类植物覆盖层不仅让整个空间极具生机感，还能带来遮阳的效果。美感与功能共生，犹如人与自然和谐相处的模式。公交站的呈现形式可以复制到其他更多的城市空间内，如公园、商业空间、小区等，它或许是一个起点，但绝不是终点。

▼ 设计生成

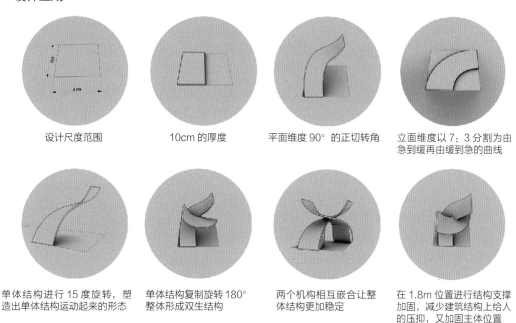

设计尺度范围　　　10cm 的厚度　　　平面维度 90°的正切转角　　　立面维度以 7：3 分割为由急到缓再由缓到急的曲线

单体结构进行 15 度旋转，塑造出单体结构运动起来的形态　　　单体结构复制旋转 180°整体形成双生结构　　　两个机构相互嵌合让整体结构更加稳定　　　在 1.8m 位置进行结构支撑加固，减少建筑结构上给人的压抑，又加固主体位置

▼ 单元结构分解

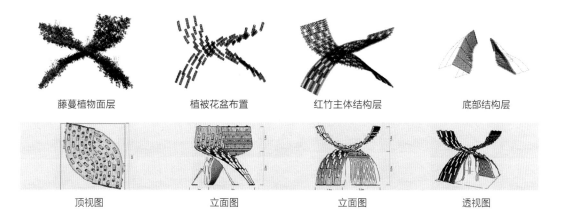

藤蔓植物面层　　　植被花盆布置　　　红竹主体结构层　　　底部结构层

顶视图　　　立面图　　　立面图　　　透视图

关于空间

在构思这座花园公交站时，设计团队将构筑物和盆栽花卉结合在一起，让花园"立"了起来，利用藤蔓植物与中空竹架结合形成一个绿色的凉棚，光合作用能够有效地减少阳光辐射，保持湿度，降低棚下温度，让公共出行更加舒适，更好地促进节能环保。

关于材料

利用竹竿在塑造曲线方面的优势，单体塑造出由急到缓再由缓到急的韵律曲线，呈现曲线流动的线条美感，塑造出好似蝴蝶向上翩翩起舞的形态，整个设计外形采用双生结构，单体相互缠绕，相互呼应，相互竞争。向上延展的方向是视觉方向，可以看到园内来车方向，着地方向顺着园内车流，在曲线低于 1.8m 的位置，制作加固结构，塑造出"蝴蝶尾翼"，在两个单体合成一体后，整体展现出一只飞舞的大蝴蝶的神态，达到既相互缠绕又和谐统一的关系。

关于搭建细节

在实际制作的过程中，提前编好不同竹子，从中间开始确定支撑结构的柱子定位，依次往两侧向外排列，将其固定，互相咬合，然后在上层固定放置藤蔓的竹筒，最后将植物放进竹筒内。

第一天：木桩定位后，分工进行各个主龙骨模块搭建。

第二天：完善次龙骨，小模块开始编织，关键模块封顶。

第三天：单元之间的连接梁搭接完毕,全力完善编织。

第四天：花卉植物布置，竹片、松木皮铺地，节点细节修剪。

关于植物

植物花卉选用飘香藤和藤本月季等攀附能力强的藤蔓花卉，在花季还可以改善空间气味。主体搭建采用 5~7cm 的红竹，局部采用 10cm 的毛竹和竹篾固定和装饰，保证主体形态呈现出轻盈美感和稳定结构。

06

共享 开放展示

开放共享，尽显天府花园魅力

乐享蓉城，智慧成都生活美学

6.1 "未来花园季·智慧生态跑" "花园城市·活力健步"

由天府绿道文旅集团主办的"未来花园季·智慧生态跑""花园城市·活力健步"户外特色活动于 2021 年 9 月 28 日、29 日在青龙湖湿地公园成功举办。环湖跑、健步走活动规划跑道全长 9km，路线跨青龙湖一期、二期。

活动吸引了大量市民、跑步社群、"跑圈大神"的积极参与，现场参与选手达数百人。各参赛选手以个性化的方式，展现自己的热情、魅力和运动活力，以一种积极、乐观的姿态，凝聚起城市群众健康向上的精神力量。让未来花园的美丽愿景转化成为可参与、可触及、可感知的生活、运动场景，全面助力成都建设践行新发展理念的公园城市示范区。

6.2 市民活动

公园城市的花园是共享的，花园承载了人的感情、认知和文化。

36 个小花园在成功建造后迎来开放展览，从 9 月 16 日起持续到国庆假期结束，每一位前来参观的市民都在这里体验了一场与未来花园的邂逅，感受公园城市的创意。

市民活动图

多彩花园季

汉服与竹林

花园留影

爱笑的小

阿姨们的微笑

花丛中嬉戏的女孩

亲子游

推球比赛

花园中的捉迷藏游戏

扫描二维码
获取更多相关资讯

成都市公园城市　　北京林业大学　　成都市公园城市
建设管理局　　　　园林学院　　　　建设发展研究院